西藏自治区 肥料研究与实用技术

关树森　曲　俏　著

中国农业科学技术出版社

图书在版编目(CIP)数据

西藏自治区肥料研究与实用技术／关树森，曲俏著．—北京：中国农业科学技术
出版社，2013.8

ISBN 978 – 7 – 5116 – 1279 – 3

Ⅰ．①西…　Ⅱ．①关…②曲…　Ⅲ．①肥料–研究–西藏②施肥–技术–西藏
Ⅳ．①S14

中国版本图书馆 CIP 数据核字（2013）第 093589 号

责任编辑	于建慧　张孝安
责任校对	贾晓红

出 版 者	中国农业科学技术出版社
	北京市中关村南大街 12 号　邮编：100081
电　　话	（010）82109708（编辑室）（010）82109702（发行部）
	（010）82109709（读者服务部）
传　　真	（010）82109708
网　　址	http：//www.castp.cn
经 销 者	全国各地新华书店
印 刷 者	北京富泰印刷有限责任公司
开　　本	787mm ×1 092mm　1/16
印　　张	10.75
彩　　插	12
字　　数	178 千字
版　　次	2013 年 8 月第 1 版　2014 年 7 月第 2 次印刷
定　　价	30.00 元

内容简介

本书记述了西藏自治区（全书简称为西藏）农业从 1951 年前不施肥料到施肥料，从有机肥到化肥，从引进试验到研究，从低级向高级发展过程，整理总结了西藏 1956 年以来不同时期的有机肥、绿肥、化肥等肥料试验、研究、示范、推广等工作。尤其是化学肥料方面的科研、生产在不同时间、不同角度进行了多方面的探讨，从最早的化肥定性试验、肥效试验、氮磷钾配合试验开始到作者 20 世纪 90 年代以来的比例试验、施肥时期试验、施用方法试验、施肥深度试验、施用量试验、最高产试验、最大利润率试验、平衡施肥试验（粮食作物、油料作物、经济作物平衡施肥）等全方位的化肥试验，农作物品种与土壤肥力增产幅度比较试验、生物培肥地力试验等。明确了影响西藏化肥肥效的因素和方法，阐述了西藏肥料试验发展的历史和现状，肥料对西藏及全世界粮食总产的贡献和潜力，阐明了化肥对粮食品质的影响，施到土壤后的去向，指出了西藏人施用化肥的误区，介绍了 1999 年开始承担加拿大国际植物营养研究所的项目，自行设计"西藏耕地土壤养分限制因子研究与平衡施肥"，在总结他人和作者本人试验研究基础上，提出五个适合施肥技术和平衡施肥生产建议，主张像西藏这种特殊类型干旱农区应以生物措施培肥地力为主，适量补施化肥（即大幅度减少农民化肥投入，节省投资、又环保并且优质、高效、持续，呈良性循环）。西藏农牧业要发展，首先解决"肥料"和"饲料"问题，一年两收，农牧结合是河谷农区农牧业发展的最佳选择，从而综合反映西藏肥料方面的科学技术，该书从头到尾强调 5 点。

1. 西藏 320 万亩耕地目前的化肥施用量与全世界、全国比较都属最少的，不涉及化肥施用过量而给粮食、农田、生态环境造成污染问题。西藏化肥利用率低、肥效差、土壤板结主要是施肥方法不佳造成的，例如，多年不施或者很少施有机肥和化肥撒施。

2. 有机肥、无机肥对西藏粮食生产贡献大，肥料施用总量与粮食总产量正相关。

3. 有机肥与化肥，相互不能代替，结合为好。就西藏目前的现状而言，在水、热、光、田管理同等条件下，提高土壤肥力、增施肥料，粮食增产幅度在60%以上，农作物品种增产幅度在20%左右。因此，西藏粮食安全问题，首先抓土肥水三基础设施，见效最快的是肥。西藏农业要发展、粮食生产能力要大幅提高，必须调整工作方向，在这个基础上抓好种子、耕作管理工作，将有粮油总产翻一番的可能。

4. 随着科学发展、社会进步，人民生活水平提高，人们追求健康长寿，讲究食品质量安全。同理，缺少营养的农产品生产出来的食品，不是优质食品，施用化肥能提高农产品的品质，尤其钾化肥被称为品质化肥，农产品要高产优质，化肥不能少，不要认为施化肥的农产品就是污染的，就不是有机食品和绿色食品，这种说法是错的。如果不施化肥，全世界至少要饿死20亿人，其中，中国要饿死3亿人，西藏地区的粮食安全也会受到严重威胁。

5. 总结西藏肥料研究成果要科学施肥，掌握"五个适合施肥技术"既不浪费肥料，不损失经济，又要高产高效优质，这才是土肥科技工作者的工作宗旨，西藏今后农田土壤肥力建设应以生物培肥为主，适量补施化肥为辅的工作方向。

该书18万字、84幅照片，图文并茂，可供农业科研、教学、推广和生产管理工作者参考。

前　言

农业是中国国民经济的基础，肥料一直是粮食增产的重要因素，历史以来肥料都是农业生产物质投入中占比例最大的一项，在农作物生产中发挥着重要的作用，正如毛主席亲自制订的农业"八字宪法"中，"肥"字列居第二位，并指出"肥料是植物的粮食"。不仅见效最快，而且经济效益，社会效益最高。

我国人民有几千年施用有机肥的经验，在传统农业生产中，劳动人民靠施用有机肥维持系统内部物质能量循环，使农业生产得以稳定发展，这种封闭式的农业物质循环生产水平不高，难以满足现代社会人口、经济、社会发展日益增长的要求。因此，自20世纪50年代以来，化肥的使用逐渐增加，化肥在农业生产中发挥着越来越大的作用。

目前，全世界普遍存在饥饿问题，人类营养不良问题，粮价大幅度上涨，直接影响人们的生存，尽管我国粮食供过于求，但从我国的资源现状和人口增长的趋势来看，食物安全仍是我国21世纪关注的首要问题，在有限的耕地上实现21世纪16亿中国人的粮食安全目标，增加肥料投入以维持高产是势在必行的。最近在美国、英国、拉美国家等通过对362季作物产量进行研究，表明肥料对产量的平均贡献至少30%～50%归功于化肥的投入，其中，美国、英国的化肥贡献率为40%～60%，在热带地区（巴西、秘鲁）更高，可达60%～80%。

然而，当人们都知道化肥能大幅度提高农作物单位面积产量时，盲目地增加农田的化肥投入，一度又导致了肥料养分的损失，增产效率降低，资源的浪费，农产品品质下降和环境污染等一系列问题。目前，随着生活水平提高，人们追求绿色食品，有机食品，抵触施用化肥的农产品，无化肥农产品受到人们的青睐。这一左一右的两个极端变化给广大科技工作者和农业生产带来了很大的难题和困惑。

我国西藏因为地理和历史原因，肥料工作开展得比较晚，肥料的施用量也不如全世界和全国及周边邻省，有与国内外类似的问题，也有西藏自己的特殊情况和模糊的认知及混淆的概念，特在退休后撰写此书，总结西藏和平解放以来，有机肥、绿肥、化肥的肥料试验、研究和生产，推行科学施肥的新技术、新方法、新途径、新概念，从而纠正一些完全依赖化肥和彻底不施化肥及错误施用化肥方法和错误的认识。通过平衡施肥，粮食作物与绿肥、豆科作物套复种、轮作等生物培肥农田的办法达到提高肥效，节省经济，提高农产品质量，降低污染，大幅增加农产品总量，确保粮食数量和质量的安全和食品质量的安全的目的。

作者

2011 年 11 月 11 日

目　　录

1　有机肥研究与应用

　　有机肥是指含有大量有机物质的肥料，通常又叫它农家肥，例如，人粪尿、家畜和家禽的粪尿，动植物的残体，堆肥、沤肥、饼肥、杂肥等农家就地取材，自行积制的各种肥料，其实也包括绿肥，在西藏自治区（全书称西藏）因特殊情况，把绿肥单列一类。有机肥种类多、来源广、用量大，有机肥有许多特点，成本低、含氮磷钾三大要素，钙、镁、硫、铁等，其微量元素全面，释放慢、含量低、水分含量高、体积大，能明显改良土壤结构，提高土壤肥力。西藏早期对有机肥的施用做了大量的调查和实验，改变了传统农业不施肥习惯，一度因大量施用有机肥，使西藏的粮油总产提高 2.36 倍，极大地推动了西藏农业生产的大发展。

　　西藏在 1951 年和平解放以前，农田很少施肥。据 1950 年中央农业科学组的调查，一般藏族同胞没有施人粪尿的习惯，牛羊粪全部做燃料，其草木灰和燃料的灰等做肥料施到农田，估计每亩施几百斤，其他肥不施，农作物生产全靠自然肥力，当农田的自然肥力下降、产量低时，再开辟一块地种，这样就形成刀耕火种的大片轮歇地。多数地区在秋收后把牲畜放牧到田间，或播种前往地里放牛羊群，令其自由便解以增加土壤肥力，林芝地区烧毁农田作物秸秆和杂草作肥料，拉萨市郊用草灰、塘泥做肥料。1960 年西藏拉萨农业科学研究所（自治区农牧科学院农业研究所前身）在札囊县孟嘎乡、贡嘎县达然乡调查，西藏平叛前耕地灌水田仅占 20%，秋耕地只有 40%，一般平均每克[*]地施土杂肥 15 筐，不追肥。1959 年平叛后每克地平均基施 100 筐土杂肥、追肥 2 次，人民政府为了发展生产力，大力提倡施肥，开辟肥源，扩大施肥面积，号召群众积蓄人粪尿，积造有机肥、沤制土杂肥，在牲畜圈内垫土积蓄牲畜肥，临近牧区的牲畜粪便收集，墨竹工卡县群众把多年抛弃的牲畜骨骼等运往农田，砸碎做肥料，增加农田施

---

　　[*]　注：克是当时耕地面积单位，比亩小一点，1 亩 ≈ 667m^2；西藏地区 1 克 ≈ 1 亩。全书同

肥量。

1.1　20世纪50~60年代有机肥施用试验和调查

（1）1956年　西藏拉萨农业试验场土肥组（西藏农业研究所前身）在场内沙壤土进行春麦（武功17号）亩施1 500kg、3 000kg、4 500kg有机肥不同量的试验，结果是亩施1 500kg的亩产96.1kg、亩施3 000kg的春麦亩产135kg，亩施4 500kg的亩产春麦117.4kg，随着施有机肥量增加亩产量也增加的趋势。

（2）1960年　扎囊县折木乡自制"五合土化肥"它是用草木灰、烧土或薰土、羊粪、白石灰、阿嘎土分别磨细过筛，再用开水拌和制成，常年每克地产6~7克（28×6=208斤=104kg）青稞，增施该肥后，每亩地产青稞16克（28×16=448斤=224kg）。日喀则农业试验场用猪粪、牛粪、马粪、羊粪、沟泥、河泥等各5 000kg做肥效试验，与不施肥比较，施猪粪的亩产青稞比对照增产两倍，牛粪加固氮菌的增产1.5倍，施马粪的增产1倍等。

（3）调查　西藏自治区农科所1961~1962年在山南地区部分县进行了人均牲畜头（只）数，每克地应有牲畜肥数，实际施到农田肥料只有总有机肥料的百分数调查。琼结县、贡嘎县、扎囊县的一些乡，人均牲畜头（只）数为2.23~7.27，平均3.81头（只），应产牲畜粪肥分推到每克地上应有1 393kg，最多的乡有2 053kg，最少的乡有1 070kg，实际能施到田的约占31%，2/3以上均做燃料烧掉，实际施到农田的牲畜粪300~1 000kg，各乡平均每克430kg。

（4）1963年　西藏自治区农科所在堆龙德庆县基点调查，农民施肥主要集中在青稞上，平均每亩施770.5kg，小麦施肥很少，仅有100kg左右，当时青稞亩产在148.5~291.5kg，而小麦亩产在133~174kg，小麦产量远不如青稞产量高。王少仁、夏培桢亩施有机肥500kg、1 500kg、2 500kg试验，凡施肥均有增产效果，其增产幅度为6%~11%。

（5）1964年　西藏自治区农科所在达孜县章多乡调查，青稞亩施肥量在538kg，小麦施肥在77.5kg，而且不同阶层农民施肥水平差别很大，贫苦农民青稞每亩施312.85kg，中等农民每亩施597.25kg，富裕的农民施1 000kg，甚至还要高一些。因此，青稞的亩产量也不一样，施肥多的比施肥少的增产1~2倍，自然收入也不一样。

（6）1965年　西藏自治区农科所在所内和达孜县章多乡基点对厩杂肥、马圈肥、牛粪、厕所肥基施和羊粪追施进行了 40kg、60kg、80kg、100kg 不同量（20m²）试验，结果各种肥料的青稞产量随着施肥量增加而增多，其中，羊粪 100kg 的增产青稞 16kg，厕所粪增产 7.5kg，厩杂肥增产 6.1kg，马圈肥和牛粪增产 5.8kg。这些试验结果为后来各地修厕所，从牧区拉牲畜粪，对牲畜圈养积肥起到重要的指导作用。

（7）1963～1965 年　西藏自治区农业研究所在日喀则进行沤制土杂肥试验，在 7 月、8 月份，正值高温时，把农村附近、住房周围、地边、荒地、田间普遍生长的野草，如野燕麦、野油菜、紫云英、野荞麦、灰灰菜、酸模、各种蒿草割下来沤到粪池中，测定了许多野草风干重的含氮量。其中，野油菜 1.92%、野燕麦 1.21%，野荞麦 1.36%、紫云英 2.65%、蒿草 1.59%、灰灰菜 1.47%。

当时的沤肥方法是选择背风朝阳不积水又有水源的交通便利的地方，挖坑与不挖坑均可，堆的大小视堆沤材料多少而定，堆沤时先在底层铺 30～50cm 厚的厩肥、秸秆或割来的杂草等，其土覆盖马粪后再泼水，如此一层层铺材料，一层层撒马粪泼水，要掌握下层堆沤的材料要厚，少加水，上层堆施的材料逐渐减薄，加水逐渐增多，下层要求均匀湿润，上层加水以略有积水为宜。平地堆沤的高度应达 2m 以上，坑堆高度在地面 1～1.5m 为宜，最后在堆外层糊一层稀泥，3～5 天后，堆内开始增温发热，上升到 40～60℃时高温维持 15～20 天，此后温度逐渐下降，堆沤的材料也随之腐烂腐熟，最好在高温 10～15 天翻堆 1 次效果将更好。此沤肥方法在堆龙德庆县羊达公社、白朗县洛布江孜公社、林芝县尼池公社和曲水县等地推广，效果很好。

（8）1964～1965 年　自治区农业研究所农村基点达孜县章多乡的调查，半农半牧区切嘎、章多两村平均每亩耕地只有 0.4 头牲畜，沙玛卓村平均每亩耕地有 2 头牲畜。对牲畜产粪量进行了定村、定户、定畜群、定人、定时间的调查，结果如下，一头牦牛一年产鲜粪 1 530 kg，风干重 795kg，每立方米风干重 410kg；一头黄牛一年产鲜粪 975kg，风干重 412kg，每立方米风干重 554kg；一头驴年产鲜粪 880kg，风干重 483kg，每立方米风干重 185kg；一头绵羊年产鲜粪 110kg，风干重 88kg，每立方米风干重 40.3kg；一头山羊年产鲜粪 137.5kg，风干重 80kg，每立方米风干重 36kg。

（9）1964 年　达孜县拉木区章多公社（乡）切嘎村施有机肥调查，章多乡有机肥种类：圈肥、羊粪、厕所肥、牛粪灰。绝大多数做基肥，只有少量羊粪和厕所肥做追肥、极个别贫困户上山拾野鸟粪做种肥。

作物施有机肥比例以青稞施肥比例最大，总地占91.1%以上都施肥，小麦、油菜施肥较少，雪莎不施肥（表1）。

表1 切嘎村有机肥施用分配调查

作物	施肥	播种面积		施肥量 (kg/克)	总施肥量		总平均施肥量 (kg/克)
		（克）	比例（%）		（kg）	比例（%）	
青稞（当地）		298	42.9	538	160 324	91.1	
小麦混豌豆		315.8	45.5	77.7	8 747.6	5	
油菜		26.4	3.8	261.1	6 893.05	3.9	
雪莎		53.8	7.8				
合计		693.6	100		175 964.65	100	253.7

圈肥不同基肥施用量对青稞产量的影响为：在不同施肥水平基础上，再增施圈肥对青稞的增产作用是不相同的，在低量325kg施肥基础上，增施圈肥300kg，每百斤（每百斤为50kg。全书同）增产青稞0.915kg，增施675kg圈肥，每百斤增产8.25kg，后者增施肥量是前者的2.25倍，而对青稞的增产则是前者的10倍多。在中量625kg施肥基础上，再增施圈肥150kg，每百斤增多10.77kg，多施圈肥375kg时，每百斤增产14.25kg。在高量（775kg）基肥基础上，增施圈肥225kg时，每百斤增产青稞16.59kg，详见表2，看来在低量基肥基础上增施圈肥，没有在高、中量基肥基础上增施圈肥的增产作用大。这一试验证明，青稞产量提高，亟须进一步开辟肥源，大幅度增加施肥量才能大幅度提高青稞产量。

羊粪作追肥对青稞产量的影响为：当地群众对青稞追肥，多数在拔节到孕穗期进行，一般每克地追施羊粪20~40kg，本试验在青稞孕穗期，每克地追施羊粪225kg和333.5kg，在两块地追施的结果趋势同前，多追施羊粪对青稞增产幅度大于小量追施羊粪的增产幅度（表3）。

1.2 20世纪70年代有机肥及腐殖酸肥试验

20世纪70年代西藏学习内地经验，用当地的泥炭通过人粪尿、氨水、碳氨等制成腐殖酸肥料，有明显增产效果。其中，单施氨水、碳酸氢氨或人粪尿的增产12.9%~18.9%，用人粪尿制成的腐殖酸肥较对照增产35%，较单施羊粪增

表2 不同基肥施用量条件下增施圈肥对青稞增产的影响

(kg/亩)

基肥用量 kg	150kg 总增产(kg)	150kg 百斤增产(kg)	225kg 总增产(kg)	225kg 百斤增产(kg)	300kg 总增产(kg)	300kg 百斤增产(kg)	375kg 总增产(kg)	375kg 百斤增产(kg)	450kg 总增产(kg)	450kg 百斤增产(kg)	675kg 总增产(kg)	675kg 百斤增产(kg)	平均每50kg圈肥增产青稞(kg)
低量基肥(325kg)	32.4	10.77			4.9	0.82			37.2	4.13	111.85	8.28	4.41
中量基肥(625kg)							106.95	14.26					12.51
高量基肥(775kg)			74.65	16.59									16.59

表3 孕穗期追施羊粪对青稞产量影响

项目 处理	第1块地 产量(kg) kg/亩	第1块地 %	第2块地 产量(kg) kg/亩	第2块地 %
对照	72.2	100	115	100
追羊粪225kg/亩			121.65	105.7
追羊粪333.5kg/亩	103.35	143.1		

产32.8%，较单施泥炭增产43.9%。

20世纪70年代为了大力发展粮食生产，拉萨市城关区反帝公社三队根据毛主席关于"以粮为纲，全面发展"的指示，大力发展养猪业。一是增加有机肥的肥源；二是发展生猪，增加肉食生产量，增加经济收入；粮食产量随着养猪数量的增加亩产量不断提高。1970年，每个干部养1头猪，1971年每户养1头猪，1972年每人养1头猪，1973~1976年平均每户养5头猪。1972年平均每克地施肥量只有50筐左右，1974年达80筐，1976年达到125筐，粮食单产由1970年的180.6kg、1973年214.5kg、1975年250kg，1976年单产达到277kg（表4），形成猪多、肥多、粮食多的状况。

表4　反帝公社三队养猪积肥与粮食产量统计

年度 项目	播种面积（克）	粮食总产（万kg）	克产量（kg）	养猪数量（头）	克施肥量（筐）
1970	853.5	14.5784	180.6		50
1971	860.5	18.2642	217	57	50
1972	838.5	14.90955	177.8	245	50
1973	864.5	18.64125	214.9	284	70
1974	864.5	20.7636	240.15	313	80
1975	864.5	21.9951	254.45	280	108
1976	864.5	23.95425	277.4	329	125

西藏区农科所驻堆龙德庆县羊达公社基点报道，羊达公社有耕地5623克，牲畜总头数3373头（只），平均每克耕地只有0.6头（只）供肥，其中，牛、羊粪绝大部分用作燃料，显然农田的肥料十分缺乏，因此，公社领导决定大力开辟肥源，主要采取以下措施。

（1）大力发展养猪积肥　每户按国家政策给足饲料地，不养猪者地收回，生猪出售后按规定卖给饲料粮及奖励粮，做圈养积肥，按肥料质量和数量计工分，号召社员勤垫圈、勤起肥、勤打扫、勤出粪。

（2）割青草沤绿肥　在路边、荒坡、地头、宅旁生长的紫云英、灰灰菜、野油菜，酸模、茅草、水草等割回来放到坑里沤制成肥料。

（3）打扫环境卫生、多积肥　经常将房前后、院内外的垃圾、尘土及废弃物集中起来，加人粪尿和水沤制成有机肥施到农田。

1.2.1 1975年自治区农科所土肥组在青稞施用腐殖酸肥料试验

1.2.1.1 腐殖酸肥的制作

（1）腐殖酸钠溶液法 称取经干燥、砸碎后的当雄草炭1.25kg与碱水（其中含氢氧化纳浓度为1%）50kg，放入铁桶内煮沸1小时，再经冷却，沉淀后用虹吸管（可用胶皮管或塑料管）吸出上层溶液放入瓦缸内储存备用。（即得含腐殖酸钠为0.05%的溶液30kg）。

（2）草炭垫圈（猪、牛、羊等）制腐肥 用经干燥、砸碎后的当雄草炭垫圈，其厚度20~40cm，大猪或大羊圈1月后起圈，并加适量清水以含水量50%左右为宜混合均匀，用稀泥密封，堆沤20天以上即成。

（3）草炭与人粪尿制腐殖酸铵 将干燥、砸碎后的当雄草炭与人粪尿按1:1或2:1的比例混合均匀，用稀泥密封20天以上即成（人粪尿可按50kg加工0.4~0.6kg豆粉密封发酵，促使有机态氮转化为氨态氮后作用更好）。

（4）草炭与人粪尿制腐肥 将干燥、粉碎后的草炭与人粪尿、清水按2:1:1.6的比例混合均匀，用稀泥密封20天以上即成。

（5）草炭与氨水直接氨化制腐殖酸铵 将草炭晒干、砸碎再用粉碎机粉碎至0.2mm细度的草炭与浓度为13.6%的氨水及清水按8:1:2.5的比例放入密封式搅拌反应器中，搅拌0.5小时，再密封储存1天以上即成。

（6）草炭与石灰水混合堆制腐殖酸肥 将干燥、砸碎的当雄草炭与1%的石灰水按1:1或2:1的比例混合均匀，用稀泥密封或堆沤20天以上即成。

1.2.1.2 基施腐殖酸类肥料试验

（1）试验材料 拉萨河谷发育的粉砂质冲积褐色土、土壤肥力中下等，前茬小麦，现茬是7339白青稞，4月20日上午耕翻施基肥（详见各处理），下午播种。

（2）试验处理 （10个），其中，Ⅰ. 空白、未施腐肥；Ⅱ. 单施当雄草炭600kg/亩；Ⅲ. 单施羊粪600kg/亩；Ⅳ. 单施加如草炭600kg/亩；Ⅴ. 当雄草炭垫猪圈600kg/亩；Ⅵ. 当雄草炭垫羊圈600kg/亩；Ⅶ. 当雄草炭与石灰水制堆腐肥600kg/亩；Ⅷ. 当雄草炭与人粪尿制腐肥600kg/亩；Ⅸ. 当雄草炭与人粪尿制腐殖酸铵600kg/亩；Ⅹ. 用氨水直接氨化法制腐殖酸铵400kg/亩。4次重复，小区面积15m²。

（3）试验结果 试验结果证明，腐肥的增产效果是明显的，尤其是氨水或人尿粪制的腐殖酸铵效果最好，比未施腐肥增产35%～43%（表5），折合成1kg腐肥增产0.07～0.135kg青稞，青稞单株干物质积累情况也是很明显（图1）。

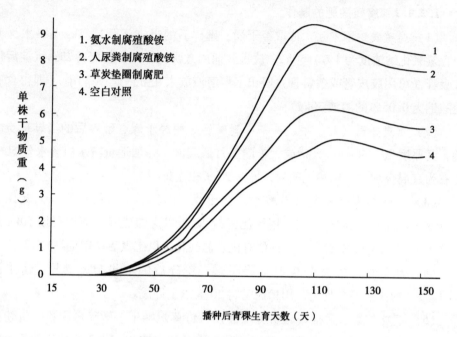

图1　青稞施用腐殖酸铵肥后单株干物质累积情况

表5　腐殖酸类肥料做基肥与青稞产量

处理	项目	青稞产量（kg/亩）	位次	实地增减产（kg/亩）	相对增减（%）
对照		247.3	8		
当雄草炭		232.1	10	−15.2	−6.10
羊粪		251.4	6	4.1	1.70
加如草炭		250.2	7	2.9	1.20
当雄草炭垫猪圈		279.15	4	31.85	12.9
当雄草炭垫羊圈		235.2	9	−12.1	−4.90
草炭与石灰水		263.45	5	16.15	6.50
草炭与人粪		294.05	3	46.75	18.9
草炭与人尿		333.9	2	86.6	35.0
氨水与草炭		354.9	1	107.6	43.5

从表5看出，当雄草炭不加任何处理单独施用，比未施对照减产6.1%，其原因是草炭中有机质分解程度差，酸度较大，pH值是5.1，加如的草炭pH值为6.5，但单施增产幅度也只有1.2%，增产幅度不明显，只有与氨（氨水、人尿）发生化学反应生成腐殖酸铵后，才有明显增产效果。

1.2.1.3　用腐殖酸钠溶液浸种试验

（1）试验材料　7339白青稞，腐殖酸钠溶液，冲积褐色土、土壤肥力属上等，前茬作物为蚕豆。

（2）试验处理　Ⅰ.腐殖酸溶液50mg/kg；Ⅱ.腐殖酸溶液100mg/kg；Ⅲ.清对照。

（3）试验结果　结果表明，在多施基肥条件下，腐殖酸钠100mg/kg浓度溶液浸泡种子最好，较未施腐肥又未用腐殖酸钠液浸种的对照增产21.4%（表6）。

表6　腐殖酸钠液浸种对青稞产量影响

处理	项目	青稞产量（kg/亩）	位次	相对增产（%）	
草炭垫猪圈制腐肥，亩施1 500kg	清水浸种	412.15	3	14.7	
	50mg/kg腐殖酸钠浸种	422.45	2	17.6	2.5
	100mg/kg腐殖酸钠液浸种	436.05	1	21.4	5.8
空白对照	清水浸种	359.2	7		
草炭垫猪圈制腐殖肥亩施500kg	50mg/kg腐殖酸钠浸种	388.45	5	8.1	1.9
	清水浸种	381.35	6	6.1	

1.2.1.4　腐殖酸钠液喷施试验

（1）试验材料　7339白青稞，腐殖酸钠溶液，下等肥力的粉砂质冲积褐色土，前茬为冬小麦。

（2）试验处理　4月20日播种，8月20日收割，7月4日下午，用50mg/kg、100mg/kg、300mg/kg三种浓度的腐殖酸钠溶液进行青稞（扬花期）根外喷施，重复2次，小区面积为30m²。

（3）试验结果　从表6看出，凡是根外喷施腐殖酸钠液处理，单位面积有效穗数都有不同程度的增加，其中，以浓度为100mg/kg和300mg/kg的为最好，每亩可增加有效穗数2.8万穗左右，但株高有所降低，从产量上看，有一定增产作用，其中300mg/kg腐殖酸钠喷施效果最好，可增产青稞10.6%（表7）。

表7　根外喷施腐殖酸钠溶液对青稞产量的影响

处理＼项目	株高（cm）	有效穗数（万穗/亩）	产量（kg/亩）	相对增产（%）
对照	79.7	8.66	201.7	
50mg/kg 腐殖酸液	74.6	9.8	205.9	2.1
100mg/kg 腐殖酸液	75.7	11.48	211.25	4.7
300mg/kg 腐殖酸液	76.6	11.44	223	10.6

1.2.2　1977 年区农科所土肥组用腐殖酸铵与部分农家肥在冬小麦上肥效试验

1.2.2.1　基施试验

（1）试验材料　羊粪、腐殖酸铵肥（碳酸氢铵制），17% 的碳酸氢铵化肥，人粪尿制的腐殖酸肥、油渣、冬小麦肥麦，区农科所 3 号地轻壤土，肥力较高。

（2）试验处理

Ⅰ对照（空白）；Ⅱ 3.5kg 碳酸氢铵与 50kg 草炭制做的腐殖酸铵每亩施用 250kg 基施；Ⅲ在对照的基础上单施含量 17% 碳酸氢铵 3.5kg 基施；Ⅳ 3：2 草炭与人粪尿制的腐肥每亩 500kg 基施；Ⅴ 单施羊粪做基肥每亩 750kg；Ⅵ 油渣作基肥每亩 500kg。小区面积 18m^2，重复 5 次，随机排列，10 月 9 日播种。

（3）试验结果　单施油渣和碳酸氢铵制的腐肥冬小麦亩产量最高，单施油渣比对照增产 122.5kg，施用碳酸氨铵制的腐肥使冬小麦较对照增产 101.7kg（表 8）。

表8　腐殖酸铵与部分农家肥对冬小麦产量的影响

处理＼项目	小区产量（kg）	折亩产（kg）	增产量（kg）	增产幅度（%）
对照	13.1	487.2		
50kg 草炭与 3.5kg 碳酸氢铵混制腐肥	15.8	566.65	101.7	20.9
单施 3.5kg 碳酸氢铵	14.43	536.4	49.2	10.1
3：2 草炭制腐殖酸铵	14.11	522.65	35.45	7.3
单施羊粪	13.74	511.25	24.05	4.9
单施油渣	16.41	609.7	125.5	25.1

1.2.2.2　追施试验

（1）试验材料　同前。

（2）试验处理　在冬小麦分蘖时1.6亩地上分3段，设3个处理。Ⅰ对照；Ⅱ50kg草炭与3.5kg碳酸氢铵混制腐殖酸铵250kg；Ⅲ单施碳酸氢铵21kg/亩，无重复。

（3）试验结果　碳酸氢铵与草炭混制的腐殖酸铵增产冬小麦最高，亩增产101kg，增幅为20.9%，主要是腐殖酸铵提高冬小麦的经济性状，如株高、穗长、穗粒、穗重、千粒重等直接影响产量（表9）。

表9　腐殖酸铵做追肥对冬小麦产量影响

处理＼项目	株高（cm）	穗长（cm）	穗粒（粒）	穗重（g）	千粒重（g）	产量（kg/亩）
对照	85.7	5.2	20.9	1.46	46.79	219
50kg草炭与3.5kg碳酸氢铵混制腐肥	99.1	6.9	46.9	2.37	50.56	322
单施碳酸氢铵21kg	87.8	5.4	33.7	1.49	48.46	254.05

1.2.3　20世纪70年代腐殖酸类肥料施用试验结论

通过几年的腐殖酸铵肥试验，可以确定，腐殖酸铵类肥料是一种有明显增产作用的肥料，是解决西藏有机肥料缺乏，无机肥料少，当地较丰富的草炭资源开辟和发展腐殖酸类有机无机肥料是西藏农业发展一项可行的有效措施。

但如何合理利用西藏丰富的草炭资源，值得我们进一步研究，不但要直接增加西藏肥料施用量，增加肥料种类，而且要提高化肥的利用率，减少化肥对土壤的不良作用，达到增产增效的目的，在全面认真总结已做过工作的基础上，提炼出好的、有发展潜力的技术，深入探讨，不断创新，为西藏农业生产服务。

1.3　20世纪80年代有机肥施用研究

山南地区有机肥有优势，每亩占有量约在12.48t以上，据山南地区农牧局洪波（韩光）报道，1987年山南地区总人口26.7755万，各类牲畜存栏215.451万头（只），生产各种作物秸秆15.075万t，生产绿肥作物1 581.9t，人畜粪尿排泄总量565.097万t，不计算堆沤肥、土杂肥、饼肥、废弃物，45.7万亩平均每亩有机肥占有量为（570.3303万t÷45.7万亩＝12.48t）。

　　资料表明，土壤中95%氮、20%~50%磷、90%硫、大部分硼和铜来自土壤有机质，如果长期连续每年亩施含有机质10%~15%的农家肥3t以上，活土层则加厚，耕地逐渐变得透水通气，保水保肥性能良好，成为湿而不粘、干而不板、聚而不紧、松而不散的高产稳产田。因此，将耕地与饲养牲畜结合是发展农业的重要基础。

　　1987年，山南地区饲养高峰时达250多万头（只）家畜，秸秆、饲草过腹，其粪尿排泄量呈几十倍的猛增，有机肥源自然扩大。同时，家家户户修厕所，打扫院落、村庄卫生积肥，种植绿肥，1987年，种植豆科作物及绿肥6.3万亩，占总播种面积的13.8%，还广辟腐殖酸类肥料等肥源。

　　按《肥料手册》提供的数据粗略估计，这些有机肥约含有机质68.231万t，全氮3万t、全磷0.8万t、全钾3.337万t，相当于硫酸铵（含N20%~21%）15万t，过磷酸钙（P_2O_5 12%~18%）6万t，硫酸钾（K_2O 48%~52%）6.674万t，因此，山南地区20世纪80年代粮食产量大幅度提高。

　　王少仁、夏培桢等报道，拉萨地区70年代有机肥80%施入青稞田，10%施入油菜田，10%施入春小麦和豌豆田，80年代从内地调运化肥，多用于国营农场，农村还是很少，所以，不得不开展有机肥研究和积造工作。积造粪肥的方法同山南地区。

1.4　20世纪90年代化肥对有机肥的冲击

　　20世纪90年代化肥几乎取代了有机肥，各地农村有机肥的施用量仅有几百千克，甚至连续几年不施有机肥，只施化肥，绝大多数有机肥属蔬菜大棚或经济作物专用，例如大蒜田、西瓜田，极少数用于改造低产田，真正大面积农田施有机肥的数量比80年代大为削减，主要原因是90年代大量劳动力向外输出，青壮年劳力外出打工，家里剩下劳动力老弱病残，没有能力积造有机肥或将有机肥运往农田施用，另外，化肥较有机肥施用方便，不仅运力少，而且省劳动力、省时间。再次，经济收入提高，买化肥比雇车拉有机肥合算。因此，广泛施用化肥，致使出现农田耕层变薄，土壤变板结的现象。

1.5 21 世纪有机肥与化肥结合利用

2000 年，西藏实现粮油总产 100 万 t 后，连续总产稳定在 96 万~100 万 t 之间，2006 年以后又降到 93 万 t。人们发现，施化肥不再增产，化肥的肥效有所下降，逐步开始利用有机肥与化肥结合，由各县农牧局提出发展畜牧业，积肥造粪、堆肥、沤肥，增加农田有机肥施用量，山南地区乃东县、贡嘎县、日喀则地区江孜县、定日县、白朗县、日喀则市、南木林县、莎迦等县要求各乡（村）农田有机肥施用量在 4 000kg 以上，结合改造低产田，增厚农田耕作层，测土配方施肥，实行有机肥与无机肥结合，自治区农牧厅号召各地区（县）将增施有机肥、提高耕地生产力作为全面落实农业部关于沃土工程的重要任务去完成。

有机肥在西藏经历了起、落、再起的反复，21 世纪再度获得重视。

2 绿肥研究与应用

凡是来源于绿色植物，无论野生或人工栽培，直接耕翻入土或者经过沤制的发酵作为肥料施用，都叫绿肥。

绿肥是有机肥料中的一种，因为西藏的肥料种类很少（无微生物肥、微量元素肥、矿质肥、菌肥、污水及工业废渣等），所以单独列为绿肥。

绿肥来源广，种植广泛，肥料的质量好，节省成本，对增加肥源、改良土壤具有重大作用，是一种极有价值的有机肥，一般含10%~20%有机质，通常鲜草亩产量2 000~4 000kg，个别的可达5 000~6 000kg高产，易分解，提高培肥土壤的作用极其显著，是其他有机肥料不可比拟的，并且覆盖度高，对抑制杂草滋生和减弱土壤冲刷，降低病虫、草害作用很大，在农业生产中意义重大。

绿肥大都是豆科植物，借助其强大的根系上根瘤菌固定大气中氮素，可获取自己一生中所需要的氮素，约有2/3取自空气中氮分子，吸收底土养分的能力大，尤其是能把底土中难溶的磷素养分吸持集中到耕作层有效利用，绿肥的根系在活着时期能固氮，死掉后能增加大量新鲜的有机质，增加土壤微生物活力，形成团粒结构，增加土壤通透性，改善土壤中水、肥、气、热关系，综合提高土壤肥力。此外，绿肥还是非常好的畜牧业饲料。

绿肥种类较多，可按不同的角度进行分类。

（1）按来源区分　有栽培绿肥和野生绿肥。

（2）按植物学区分　有豆科和非豆科，旱生和水生绿肥。

（3）按用途区分　稻田绿肥、棉田绿肥、麦田绿肥、果园绿肥等。

（4）按栽培季节区分　冬季绿肥（秋播夏季利用）、夏季绿肥（春播夏用），多年生绿肥。

（5）按栽培方式区分　单播绿肥、混播绿肥、间播绿肥、套播绿肥。

西藏是农牧旱区，主要以人工栽培豆科在夏、秋季的混播、套播、复播为主，绿肥的引进、筛选以适用为主，传统农区畜牧业占有很大的比例，因此，西藏历史上就有豆科作物和绿肥的种植。由于不流通、品种较少，仅限于当地固有品种，例如，西藏当地固有的雪萨绿肥种植面积较广。西藏的绿肥工作真正开始于西藏和平解放以后，1951年，建立拉萨农业试验场，1956年，改为"七一农场"（1980年改为西藏自治区农业研究所），在此期间引进了大量的内地绿肥品种，使得绿肥工作有了很大的发展，至今仍在发挥着重要的作用。

2.1　20世纪50～60年代引进绿肥品种试验

（1）绿肥品种选育　1953年西藏自治区农业研究所土肥组（拉萨农业试验场）种植了苜蓿、猫尾草、燕麦等若干个品种，其中，1953年4月播种的苜蓿在次年7月29日株高可达47cm，主根长30cm以上，根瘤菌生长良好，当年可收割2次（7月29日、10月8日），以后每年可以收割3次（6月7日、8月7日、10月24日），年总产量随生长年限而增长，1954年，平均亩产鲜草1 860.9 kg，1955～1956年，平均亩产鲜草4 200kg，1957年，平均亩产5 180kg，若想要采种子，需进行人工辅助授粉。

（2）引进绿肥牧草品种观察试验　1960年为了选择适宜当地气候、土壤条件，生长良好的品种，西藏自治区农科所土肥组引进35个豆科品种，13个禾本科品种，在5月11日播种（表10、表11），禾本科在6月底拔节，7月上旬抽穗，豆科多在8月中下旬开花。当年试验结果是149号燕麦、北京植物园筱麦、察北燕麦、勃利种马场燕麦、东北铃铛燕麦、意大利黑麦草、哈尔滨黑麦草、当地燕麦8个品种禾本科牧草和前苏联箭舌豌豆、美克里米苜蓿、西北苜蓿、东北杂交种豌豆、当地豌豆、雪莎6个豆科牧草表现较好。

其中，西北苜蓿产草量比较高，6月9日第1次收割，每亩产鲜草1 373kg，晒干重492.5kg；8月15日第2次收割鲜草重875kg，晒干重484.5kg，两次合计产鲜草2 248kg，晒干草977kg，其中，第4年的苜蓿产种子每亩6kg，千粒重1.7g。

（3）自治区农业研究所试种　1963年土肥组进行400多个豆科、禾本科牧草引进试种，其中，华北91个，西北94个，东北132个，华东61个，中南、西南、华南以区内收集当地材料38个，这些牧草都能正常生长，1967年改建"七一农场"时，还有100多亩绿肥实验田。

2.2 20 世纪 70 年代筛选示范绿肥品种

20 世纪 70 年代，自治区党委积极大面积推广冬小麦，感到肥源不足，尤其是有机肥源，因此，大量引进试种，筛选绿肥品种进行大面积推广绿肥。

（1）引进筛选 1975 年，自治区农业研究所夏培桢、李义德、巴桑等人引进试种箭舌豌豆、毛苕、草木樨、紫云英、苜蓿、雪莎、小扁豆、豌豆、田菁、荆麻芋等 90 多个绿肥作物品种，经试验、观察筛选出适宜西藏栽培的品种有箭舌豌豆、苦苕子、雪莎、豌豆、蚕豆等。

表 10 1960 年豆科牧草品种试种

永久编号	品种名称	花期	成熟情况	每穴分枝数	每穴晒干重（g）	收割时数（天）
342	前苏联箭舌豌豆	8.18	成熟	48.6	260.5	99
159	中国农科院箭舌豌豆		未全成熟		60 910（湿）	100
156	东北农科院箭舌豌豆	8.27	未全成熟	27.0	581.5（湿）	108
158	匈牙科利野箭舌豌豆		未全成熟		9 015	100
332	西藏乃东箭舌豌豆		未全成熟		9 015	90
305	澳洲箭舌豌豆		未成熟	8.3	40 610（湿）	100
267	华东常德苕子	8.19	未成熟		125	100
268	四川家苕		未成熟		50	100
272	华东江西苕子		未成熟		50	100
270	华东毛叶苕子		未成熟	49.9	2 340（湿）	130～140
265	光叶紫花苕子		未完全成熟	70.8	156.15	130～140
264	芡花苕子		未完全成熟		312.5	130～140
273	东阳苕子		未成熟		94	130～140
289	华东温岑金花菜		未完全成熟	140.15		130～140
263	中南常德金花菜		未完全成熟	20.0	3 615（湿）	100
260	华东颜山金花菜		未完全成熟	34.4	535（湿）	100
135	美克里米苜蓿	8.28	未完全成熟	98.0		100
225	西北苜蓿		未成熟			100
179	印第安纳苜蓿	8.28	未完全成熟		219（湿）	100
170	华东农科院杂交种大豆		部分成熟			100

（续表）

永久编号	品种名称	花期	成熟情况	每穴分枝数	每穴晒干重（g）	收割时数（天）
168	华东农科院大豆		未完全成熟		19 415	180
152	华东农科院大豆	8.12	未完全成熟		1 415	100
165	北京植物园紫花羽扇豆	8.20	乳熟			100
314	西藏小扁豆		成熟			120
316	昌都小扁豆		成熟		94	120
313	西藏小扁豆		成熟		117	160
284	华东农科院黑豆	8.24	1/2 成熟			160
312	西北农科院黑豆		未完全成熟			160
317	西北农科院红豆		1/2 成熟			160
300	西北农科院绿豆		1/2 成熟			160
142	前苏联黄花草木樨		未成熟			160
185	武功白花草木樨		未成熟			160
178	西藏堆龙德庆雪苕莎		未成熟			160
330	西藏饲料		未成熟			160
343	拉萨豌豆（对照）		未成熟			160

从产量、养分含量和作饲料的价值看，以早丰毛苕、黑豌豆和普通毛苕最好，亩产鲜草在 2 000 kg 以上，晒干草 400 kg，做绿肥施用，除提供有机质外，每亩还可以提供氮磷钾素 20 ~ 30 kg，做饲料每亩可提供粗蛋白质 70 ~ 90 kg，日本 333 箭舌豌豆、日喀则雪莎、拉萨雪莎在拉萨的冬青稞后可以复种，产草量较高。

如果要收获种子，只能在 4 月底以前播种，毛苕子在拉萨每年种一季产草量最高，但不能收获种子。如果秋播能正常越冬，并能收获种子，在林芝秋播采种量会更高。

（2）试验材料 绿肥品种为从陕西引进的日本 333 春箭舌豌豆、普通毛苕、光叶苕子、早丰毛苕、草木樨、苕芙（禾本科）；从山西引进的箭舌豌豆、苦苕子；从山东引进的毛苕、白花草木樨、本地苕子、黑豌豆；林芝的小扁豆、山南的雪扎；拉萨和本所的八号蚕豆等共 15 种绿肥。1976 年引进 23 个品种详见表12。土壤状况为0～20cm：pH 值 7.6、有机质 0.95%、全氮 0.15%、速效氮8.66mg/100g 土、速效磷 15.2mg/kg、全磷 0.10mg/kg，20～40cm pH 值 7.9、有机质 1%、全氮 0.1%、速效氮 7.66mg/100g 土、全磷 0.08mg/kg、速效磷6.5mg/kg，质地轻壤土，中等肥力，前茬青稞。

表11　1960 年禾本科牧草品种试种

永久编号	品种名称	拔节期	抽穗期	成熟情况	株高(cm)	每穴分枝数	每穴晒干重(g)	收割时数(天)
127	北京植物园筱麦		8.22	成熟	191.2	51.7		102
200	燕麦美 127 号			成熟	164.3	10.6	52.5	90
196	燕麦美 149 号	6.24	7 月底	成熟9.4	143.2	10.5	80.5	75
249	察北燕麦	6.30	9.7	成熟10.1	173.9	12.9		109
323	印度燕麦	6.29	8.11	成熟	183	11.1	67	92
129	东北燕麦	7.7		少部分成熟	170.5	11.9	94	140
131	东北燕麦	7.8	9.9	少部分成熟	162.5	15.8	25.5	140
195	勃利种马农场燕麦	7.3		少部分成熟	173.1	17.5	174	140
242	野雀麦	6.30	7.3	少部分成熟9.16	64.4	4.1	28	128
241	宝泉农场燕麦	6.30	7.3	少部分成熟9.16		41	45	128
248	意大利黑麦草	7.4	8.26	极少成熟	165.7	78.7	117.5	111
227	哈尔滨黑麦草		8.20	极少成熟	171.5	59	225	111
194	拉萨野燕麦（对照）	7.9	8.11	成熟10.1	148	15.6	103	100

（3）试验方法　采用互比排列法，小区面积21m³，3 次重复。

（4）引进筛选结果　① 在拉萨地区 3 月份播种，植株生长良好并能正常成熟，收获种子的有拉萨 8 号蚕豆、箭舌豌豆、黑豌豆、小扁豆、日本 333 箭舌豌豆、苦苕子、苕豆等 7 个品种，生育期为 140～150 天。部分成熟的有普通毛苕、早丰毛苕、本地苕子 3 个品种，生育期为 160～165 天。不能收获种子的有光叶苕子和毛苕，其初荚期均在 7 月底，较能收种子品种晚 20～30 天。草木樨和白花草木樨为两年生绿肥植物，当年不产种子。不能产种子和部分产种在当地不能繁殖，每年购种子投入大。

②参选绿肥的生长速度和高度：绿肥植物的生长速度和高度与其产草量密切相关，植株较高的有黑豌豆、普通毛苕、早丰毛苕、毛苕和光叶苕子、草木樨、白花草木樨一般生长高度都80cm以上，100cm左右，鲜草产量比较高，平均每5kg鲜草晒干1kg干草，早丰毛苕、黑豌豆、普通毛苕3个品种干草量都在429kg以上。光叶苕子、拉萨8号蚕豆、苕子、毛苕4个品种干草量都在235kg以上，其余都在175kg以下。

③参选绿肥植物体内氮磷钾含量：种植绿肥主要目的是培肥地力，不仅利用生物根系的根瘤菌固氮，其生物体含养分量也是一个指标，富含养分的品种培肥地力作用大。从11个品种的分析结果看，氮含量最高为2.29%~3.62%，其次是钾含量为0.88%~1.59%，磷含量最低，仅为0.47%~0.65%。据《农业常用数据手册》记载，豆科绿肥植物中氮素有效性为16%~87%（平均为50%），较厩肥的氮素有效性10%~44%（平均为25%）高1倍，从每亩绿肥可提供的养分看，早丰毛苕最高达31.65kg，黑豌豆为22.98kg。普通毛苕居第三，每亩可提供养分19.99kg，可以确信种植绿肥是培肥地力最有效的措施。

④参选绿肥的粗蛋白质和粗纤维含量：绿肥除直接做肥料培肥地力外，许多品种还可做家畜优质饲料，结果显示，早丰毛苕的粗蛋白质高达22.8%，黑豌豆、毛苕、苦苕子、小扁豆的粗蛋白质含量为20%以上，箭舌豌豆、苕子、拉萨8号蚕豆粗蛋白质含量为17.62%以上，其余品种也都在16%以上，均为较优质饲料。

⑤种植绿肥前后土壤养分变化：除去绿肥翻压外，单从种植绿肥做饲料的田块土壤养分化验分析看，由于种绿肥根系残留，落叶及根瘤的固氮作用，土壤中有机质在土层的0~40cm耕作层内有所增加，其中，土壤0~20cm有机质提高26%，20~40cm提高16%；0~20cm全氮提高13%，20~40cm全氮提高30%；土壤全磷有所下降，速效磷含量明显降低，全磷0~20cm层降低10%，20~40cm层无明显变化；速效磷0~20cm下降80%，20~40cm层下降15%（表13）。说明种植绿肥时要适当施用磷肥，绿肥消耗磷素营养，应采取以磷增氮的方法，提高培肥地力和产草量。

表12　1975年拉萨地区绿肥品种引进评选结果

品种＼项目	出苗期	收种期	生育期天	成熟量	植株高度 cm	鲜草量 (kg)	干草量 (kg)	位次	种子量	风干草养分含量（%） N	P_2O_5	K_2O	合计	可提供的养分数量（kg/亩） N	P_2O_5	K_2O	合计	粗蛋白质 （%）	粗纤维素 （%）
拉萨8号蚕豆	25/4	18/9	143	全成	67.4	1 333	267	5	384	3	0.51	0.94	4.45	8.01	1.37	2.51	11.8	18.75	25.98
箭舌豌豆	18/4	12/9	146	全成	63.3	873	175	8	136.5	2.82	0.55	1.25	4.62	4.93	0.96	2.19	8.08	17.62	27.01
黑豌豆	12/4	6/9	143	全成	95.8	2 429	486	2	130	3.35	0.47	0.91	4.73	16.28	2.23	4.42	22.98	20.9	25.26
小扁豆	12/4	14/9	153	全成	32	508	102	10	108	3.26	0.54	1.55	5.35	3.32	0.55	1.58	5.45	20.37	18.13
苦苕子	12/4	31/9	141	全成	45.6	873	175	8	103	3.22	0.52	0.94	5.08	5.7	0.91	1.64	8.25	20.73	31.13
雪扎	9/4	19/9	143	全成	46.7														
日本333箭舌	13/4	13/4	159	全成	46.9	746	149	9	44	2.29	0.58	1.26	4.13	3.41	0.86	1.88	6.15	14.31	23.55
苜芙	10/6		110	80%															
苕子	16/4	23/9	<160	25%	69.1	1 254	251	6		3.17	0.47	0.88	4.52	7.96	1.18	2.21	11.35	19.81	26.74
普通毛苕	15/4	23/9	>165	<20%	96.8	2 143	429	3		2.65	0.57	1.44	4.66	11.37	2.44	6.18	19.99	16.5	25
早丰毛苕	15/4	23/9	>165	<10%	98.5	2 698	540	1		3.62	0.65	1.59	5.89	19.55	3.51	8.59	31.65	22.6	28.24
光叶苕子	14/4		>165	未成	89.3	1 524	305	4		2.7	0.58			8.23	1.77			16.81	25.37
毛苕	24/4	24/4	>165	未成	84.4	1 175	235	7		3.44	0.59	1.44	5.47	8.08	1.39	3.38	12.85	21.5	27.6
草木樨	3/5			再生	98.4														
白花草木樨	3/5			再生	102														

注：夏培桢．拉萨地区绿肥品种评选．//西藏农业科技．1988（1）：44

表 13 种植绿肥前后土壤养分含量变化

处理 项目	采样深度（cm）	有机质（%）	全氮（%）	全磷（%）	有效磷（mg/kg）
种植前	0~20	0.95	0.15	0.10	15.2
	20~40	1.00	0.10	0.08	6.5
种植后	0~20	1.20	0.17	0.09	3.0
	20~40	1.16	0.13	0.08	5.5

⑥引进绿肥观察：1976 年西藏自治区农科所土肥组在所内对 23 个绿肥品种进行了植株形态及生长特性观察，对栽培措施中的播期、播种量，田间管理，养分含量，改土作用进行分析，其结果详见表 14、表 15、表 16。

表 14 1976 年引进绿肥品种生长及产量比较

品种	生育天数	株高（cm）	鲜草产量（kg/亩）	种子产量（kg/亩）
陕西箭舌豌豆（日本 333）	140	122.3	3 263.3	127.4
山西春箭舌豌豆	160	153.6	4 669	74.7
青海箭舌豌豆草原 791	156	133.2	3 068.2	98.05
青海箭舌豌豆草原 879	155	135.9	4 002	174.75
青海箭舌豌豆草原 881	161	136.5	4 002	23.35
箭舌豌豆	171	166.4	4 268.8	20
白箭舌豌豆	160	142.4	2 998.3	43.35
甘孜 333/A 箭舌豌豆	117	130.6	3 818.85	81.15
甘孜 66－25 箭舌豌豆	108	107.8	1 867.6	61.15
甘孜西牧 334 箭舌豌豆	161	144	1 867.6	
甘孜香豆	147	100.5	4 002	177.9
山南雪扎	172	105	2 868.1	141.25
小扁豆	134	78.5	2 401.2	34.7
甘孜本地箭舌豌豆	161	154.8	2 401.2	
苦苕子	143	62.9	1 167.25	91.7
褐豌豆	145	176.8	4 402.2	123.4

（续表）

品种	生育天数	株高（cm）	鲜草产量（kg/亩）	种子产量（kg/亩）
黑豌豆	136	179.7	5 669.5	124.7
大鹁鸪豌豆	119	152.5	3 268.3	296.8
英国豌豆	116	70	1 267.3	118.4
扬州绿色草原豌豆	123	116.2	1 894.3	206.75
拉萨蚕单13号蚕豆	162	116.7	5 386	540.25
新疆毛苕	170以上	170.7	4 535.6	极少数成熟
陕西早丰毛苕	170以上	98.5	2 698.5	极少数成熟

注：鲜草及种子产量均为小区产量折算成亩产

表15 1976年引绿肥养分含量比较

品种	项目	风干草养分含量（%）		每百斤风干草相当于肥料数量（kg）		
		氮（N）	磷（P_2O_5）	尿素 N 46%	过磷酸钙 P_2O_5 16%	土杂肥 N 0.2%
陕西箭舌豌豆（日本333）		3.00	0.687	6.52	4.29	1 500
陕西早丰毛苕		3.62	0.653	7.87	4.08	1 810
新疆毛苕		3.61	0.664	7.85	4.15	1 805
山南雪扎		2.67	0.527	5.80	3.29	1 335
拉萨蚕豆13号		2.63	0.774	5.72	4.84	1 315
青海箭舌豌豆草原791		2.92	0.710	6.35	4.44	1 460
青海箭舌豌豆草原879		3.04	0.687	6.61	4.29	1 520
甘孜66-25箭舌豌豆		2.70	0.664	5.87	4.15	1 350
上海大鹁鸪豌豆		2.92	0.607	6.46	3.79	1 485
扬州绿色草原豌豆		2.75	0.530	5.98	3.31	1 375
褐豌豆		2.52	0.528	5.48	3.30	1 260

表16 1976年种植绿肥前后土壤养分含量测定结果

土样	养分 土层（cm）	pH值水浸	活性有机质（%）	全氮（%）	全磷（%）	速效磷（mg/100g 土）	水解氮（mg/100g 土）
种植前	0~20	9.05	1.28	0.08	0.16	6.87	4.16
	20~40	9.05	1.05	0.07	0.15	5.27	4.54
种植后	0~20	8.8	1.84	0.11	0.15	3.93	4.44
	20~40	8.8	1.26	0.09	0.14	3.48	4.22

注：种植前土样为混合样，种植后为试验小区土样测定的平均值

以往西藏栽培绿肥品种很单一，仅有蚕豆、豌豆、雪扎、小扁豆等几个品种，通过两年品种引进观察，初步认为箭舌豌豆在拉萨地区春播栽培生长良好，其中，较好的品种有陕西箭舌豌豆（日本 333）、青海草原 791、879 箭舌豌豆、山西春箭舌豌豆，甘孜 66 - 25 箭舌豌豆、上海大鹁鸪豌豆、绿色草原豌豆，以及本所蚕豆 13 号、8 号蚕豆和山南雪扎、甘孜香豆等春播能收获种子且鲜草和种子产量都比较高。

绿肥养分含量及对提高土壤肥效的作用比较好，绿肥作物含有丰富的有机质和氮素，有机质含量一般在 15% 左右。据分析，本所种植的绿肥品种，其养分含量风干草全氮为 2.5% ~ 3.5%，全磷（P_2O_5）为 0.4% ~ 0.7%，以氮磷含量较高的早丰毛苕为例：50kg 风干草所含养分折合肥料数量，相当于尿素 3.985kg（碳酸氢铵 10.645kg 或土杂肥 905kg），过磷酸钙 2.04kg。据测定，豆科绿肥中氮素 1/3 取自土壤中，2/3 是固定空气中氮素而来，从种植绿肥前后土壤养分结果分析来看，0 ~ 20cm 活性有机质增加 0.56%，20 ~ 40cm 增加 0.2%；全氮 0 ~ 20cm 增加 0.03%，20 ~ 40cm 增加 0.02%；但土壤中磷含量却相应减少，尤其是速效磷减少更多，说明豆科绿肥需磷较多，种植绿肥应增加磷肥施用量。

⑦ 对绿肥的利用：在农业生产中，用地与养地是对立着的矛盾统一体，用地是矛盾的主要方面，要使作物增产首先是充分用地，但是如果只用不养或者用多养少，土壤肥力则会逐渐衰退，作物产量会下降。种植绿肥是养田办法之一，是以田养田，提高土壤肥力，对后作增产的作用十分显著，这是绿肥根系的作用。绿肥作物本身有机质，氮素含量较丰富，是沤肥、堆肥、压青肥的优质肥源。如果农户家有牲畜，绿肥还可以作为牲畜的优质饲料，例如：陕西早丰毛苕含蛋白质 22.62%，50kg 风干草中所含蛋白质相当于豆饼 25.415kg，其他品种粗蛋白质含量也在 14% ~ 21%。因此，绿肥在农业生产中起着重要的作用，发展好绿肥对西藏农业将有较大的促进和帮助，应该纳入农业耕作制度改革内容，使绿肥得到很好的利用。

2.3 20 世纪 80 年代推广适宜绿肥品种

1980 年在全区推广适宜西藏种植的绿肥品种，箭舌豌豆等收鲜草每亩可达 2 500kg 左右，种子每亩产 150kg，在当时农家肥不足，化肥不多的情况下，成为开辟肥源，解决肥料与农区饲草问题的重要途径，同时用地养地问题也得到了正确解决。

2.3.1 1981~1982年，自治区农业研究所周春来等人试验

测定0~20cm层的活性有机质比种绿肥前增加0.56%，20~40cm层增加0.12%；增加氮素平均0.04%，含氮量0~20cm层增加0.03%，20~40cm层增加0.02%；碱解氮增加17.5mg/kg，但土壤中磷素含量有所下降，因豆科作物对磷肥吸收多，土壤容重降低0.0347~0.0513g/cm³，增加土壤总孔隙度1.31%~1.94%。

2.3.2 1983年自治区农业研究所魏建营等人试验

冬小麦复种绿肥压青一般每亩压青500kg鲜绿肥增产青稞、小麦2.28%~39.5%，冬青稞后茬复种绿肥压青1 500kg，次年不施基肥（种春小麦藏春6号）比前四年春小麦（藏春6号）平均单产增产30.4%。

2.3.3 1983~1984年自治区农业研究所基点试验

在贡嘎县沃拉乡的下等地种箭舌豌豆后茬种春青稞比连续种青稞增产123.7%，达孜县帮堆乡在箭舌豌豆后茬种冬小麦比青稞后茬种冬小麦增产90.3%；墨竹工卡县莫中乡在箭舌豌豆后茬种春青稞比冬青稞后茬种春青稞增产112%；堆龙德庆县羊达乡在箭舌豌豆后茬种春青稞比冬小麦后茬种春青稞增产86.5%。

2.3.4 1985年自治区农业局组织安排试验示范

全区主要农业区域18个县（场）进行豆科绿肥饲料作物试验示范，成立了协作组，加强了领导，共安排1.74万亩耕地种植绿肥，取得了良好效果。

2.3.5 山南地区1985年、1986年、1987年粮食作物与绿肥作物轮作

据山南地区农科所肖成气报道，山南土壤肥力下降已成为农业生产发展重要障碍之一，麦类作物重茬连作比例逐年增加，增施化肥也不增产，实行粮绿轮作，推广绿肥，粮食产量有较大幅度提高。乃东县在1985~1987年3年内，每年保证不少于1 000亩粮—绿轮作示范，产草指标定为1985年亩产400kg，1986

年亩产 1 000kg，1987 年亩产 1 500kg，结果都超标。

1985 年，播种绿肥面积 973 亩（箭舌豌豆 695 亩，苜蓿 278 亩），1986 年播种 1 100 亩。（箭舌豌豆 850 亩，雪莎 250 亩），1987 年播 2319（箭舌豌豆 2 000 亩，雪莎 319 亩），3 年总播种 4 392 亩，播前每亩施 35kg 尿素做基肥，箭舌豌豆准备收鲜草的亩播种量 7.5kg，收种子的亩播 5kg，3 月始播，5 月 20 日结束（表 17）。

表 17 1985 年绿肥茬粮食茬与 1986 年粮食作物产量变化结果

测产地点	项目	1985 年作物	1986 年作物	亩穗数（万）	穗粒数（粒）	千粒重（克）	理论产量 kg/亩	八折后产量 kg/亩	增产幅度（%）
昌珠区克麦乡二队		箭舌豌豆	冬小麦	21.56	59.4	51.1	520	411.5	185
昌珠区克麦乡二队		冬小麦	冬小麦	13.78	45.3	46.7	180.9	144.45	
颇章区向阳乡五队		箭舌豌豆	青稞	15.72	53	47.3	268.8	215.05	9.5
颇章区向阳乡五队		青稞	青稞	12.36	54.3	45.3	245.55	146.45	
颇章区格拉乡三队		箭舌豌豆	青稞	16.25	58.6	46.3	348.65	278.97	81.8
颇章区格拉乡三队		青稞	青稞	10.33	55.1	45.3	196.5	153.45	
昌珠区红旗乡五村		箭舌豌豆	冬小麦					327.65	16.2
昌珠区红旗乡五村		青稞	冬小麦					282	
颇章区哈鲁岗乡二队		箭舌豌豆	青稞	21.3	68.3	50.1	333.35	219.2	68.3
颇章区哈鲁岗乡二队		青稞	青稞	19.78	52	46.2	200	160	

通过示范户的调查，结果表明：适时早播对牧草产量影响较大，4 月 16 日播种的箭舌豌豆到 10 月底收割，植株高度为 147cm，亩产鲜草 4 250kg；5 月 7 日播种箭舌豌豆也在 10 月底收割，植株高 97cm，亩产鲜草 2 540kg；根据 3 年来的实际观察、测产，箭舌豌豆、雪莎以 3 月中旬至 4 月中旬播种为宜。合理密植，也直接影响牧草产量，箭舌豌豆亩播量在 10kg 时，田间生长一致，植株平均在 1.6m 左右，亩产鲜草在 3 000kg 左右；亩播量在 7.5kg 时，田间生长参差不齐，株高在 70 ~ 120cm 之间，亩产鲜草在 2 000kg 以下；根据这种情况，春播种量以 8.5 ~ 10kg 为宜。

种好是基础，管理好是关键，颇章区哈鲁岗乡一村洛桑多吉种的箭舌豌豆，在雨季之前轮灌两次水，田间生长茂盛，整齐一致，到 10 月底，植株高度在 1.5m 左右，分枝平均 5 个，亩产鲜草 4 050kg。

乃东县粮绿轮作给出结论有三：①不少的绿肥作物又是优良的饲料作物，既可肥田、又可养畜；②粮绿轮作肥效高，见效快，成本低；③粮绿轮作在传统耕作制度上是一次改革。

2.3.6 绿肥对土壤养分及增产效果研究

西藏自治区农科所周春来等 1986 年试验结果表明，在西藏能源紧缺，秸秆及牲畜粪便等有机肥做燃料不能大量还田，土壤肥力下降，粮食作物产量停滞不前的情况下，种植绿肥对培肥农田、改良土壤，发展农牧业生产有重要作用，是西藏农牧业走出低谷的重要途径。

（1）试验材料与方法　土壤：区农科所 4 号地沙壤土、中等肥力；肥料：氮磷钾复合化肥 15kg/亩做基肥；作物：箭舌豌豆、豆科绿肥；条件：海拔 3 658m，年降水 453.9mm，年蒸发量 3 314mm，年平均气温 7.5℃，无霜期 140d；

试验设春播和秋播 2 组 6 个处理，1. 春播以休闲为对照；2. 全部压青；3. 半压青；4. 收获绿肥种子；5. 秋播；6. 冬青稞后茬复种。小区面积 20m^2，随机排列，4 次重复、不追肥，春播 3 月 30 日、8 月 23 日盛花期翻压，秋播 7 月 26 日和 8 月 5 日，在 10 月 10 日和 10 月 15 日现蕾期翻压，在绿肥播种前和翻压后分别取 0～20cm、20～40cm 耕层土样进行农化分析。其中，休闲地秋播绿肥 14.5 亩，冬青稞复种 12 亩。

（2）试验结果　从土壤养分角度看，种植绿肥能较大幅度提高土壤有机质和全氮含量，以全翻压青增加幅度最大，磷素没有休闲地增加的多，从青稞产量上看，种植绿肥比休闲地增加 18.5%～32.5%，比青稞连作增加 39.5%～56.1%（表 18）。

表 18　种绿肥后土壤养分及青稞产量

处理	项目	有机质 (%)	+	全氮 (%)	±	全磷 (%)	±	株高 (cm)	穗长 (cm)	穗粒 (粒)	千粒重 (g)	亩产量 (kg)	增产幅度 (%)
绿肥全压青	播种前	1.285		0.11				114.8	5.2	50.1	45.3	385	56.1
	收割后	1.655	0.37	0.118	0.008	0.079	0.004						
绿肥半压青	播种前	1.26		0.108		0.073		102.9	5.1	45.3	43.9	364.65	47.9
	收割后	1.583	0.323	0.113	0.005	0.078	0.005						
绿肥根茬	播种前	1.25		0.105		0.071		101.4	5.0	43.4	45	344.156	39.5
	收割后	1.45	0.2	0.11	0.005	0.077	0.006						
休闲	播种前	1.283		0.098		0.073		96.1	4.8	42	43.8	290.5	17.8
	收割后	1.285	0.002	0.10	0.002	0.085	0.012						
青稞连作	播种前							94.3	5.0	36.2	40.7	246.65	
	收割后												

（3）试验结论 粮绿轮作有利于土壤培肥和提高粮食作物的产量，如果实行粮绿复种，不仅培肥地力、增收牧草，而且不影响当年粮食产量。

休闲的主要作用是有利于灭草与促进土壤自身养分转化，是被动的消极的，而种植绿肥增加土壤养分含量，是积极的，应提倡种植绿肥，逐步减少白茬休闲。

20 世纪 80 年代末期，西藏自治区农业发展重点调整，绿肥处于停滞状态。

2.4 20 世纪 90 年代绿肥广泛应用

发展到 20 世纪 90 年代，基于前面的科研和对绿肥的认识，其得到广泛的应用，1993 年，笔者和巴桑在林周县实施"林周县低产田改造综合技术研究"和"生物培肥地力"两个项目中创造了"高秆油菜与箭舌豌豆混播"和"冬青稞（冬小麦）套种箭舌豌豆"两项高效利用技术，利用传统的绿肥培肥地力和作饲草功能，引进耕作制度改革，利用豆科绿肥作物与粮油作物调整种植结构，创造农牧紧密结合双促进的持久良性循环机制和新的生产技术体系。

（1）高秆油菜混箭舌豌豆 以往箭舌豌豆单播时，长到 80cm 时，自然倒伏，叶子腐烂，落花落角，严重影响箭舌豌豆鲜草产量和籽粒产量，又不能人工搭架子支扶箭舌豌豆，农田的箭舌豌豆丰产不能丰收。我们针对这个问题，采取箭舌豌豆与高秆油菜以 7.5~10：1 的比例马拉播种机混播，利用高秆油菜为箭舌豌豆搭架子，不仅克服了箭舌豌豆倒伏、腐烂等问题，而且箭舌豌豆根系固氮可以提供给油菜氮素养分，同时，由于油菜是直根系，箭舌豌豆是侧根系，这样两作物地上和地下相互利用、相互依赖、相互促进、共同增产（表 19）。1993 年，在林周县甘曲乡卡多村 104 亩下等田种植了高秆油菜 0.5kg 与箭舌豌豆 10kg 混播（彩图 2），秋收割后马上播种冬小麦藏冬 10 号；1994 年 8 月收割冬小麦，当年冬小麦亩产 400~420kg（彩图 3、彩图 4）比 1992 年亩产 140kg 和 1994 年邻地 150kg（彩图 1）增产 280%，这一项技术当时被林周县推广 4 万多亩，后来又推广到山南地区许多县。不仅当年箭舌豌豆、油菜丰产丰收，产生高于清种青稞、小麦 2~3 倍的经济收入，而且次年还有 2 倍以上的增产增收。

（2）冬青稞（冬小麦）套种箭舌豌豆 高秆油菜与箭舌豌豆混播技术被一部分接受，虽然当年增收，第二年增产，毕竟有一年不能产粮，势必影响粮食总产，比清种青稞、小麦好得多，我们就想能否在稳粮的基础上，种绿肥箭舌豌豆,让它当年粮饲双丰收,还培肥了地力。1995~1997年,设计了冬青稞套种箭舌豌豆6个时间段箭舌豌豆7.5kg、10kg、12.5kg 3个播量(表19)。把箭舌豌豆用清水浸泡催至萌芽,分别在5月10日、5月20日、5月30日、6月10日、6月20日、6月30日在田内灌满水的条件下,把箭舌豌豆均匀地撒到青稞田内,到了青稞在7月1日成熟收割,留茬20cm高收割露出箭舌豌豆苗(彩图5),把冬青稞运出田外,看住不让牲畜入地为害,到了10月中旬收割箭舌豌豆鲜草(彩图6),结果在亩产冬青稞300kg的情况下,箭舌豌豆鲜草依播种时间顺序分别为(10kg播量)2 300kg、2 550kg、3 350kg、4 700kg、4 300kg、4 000kg,其中,以6月10日播种的鲜草产量最高(表20),其经济效益也最好(彩图7、彩图8)。

表19　高秆油菜与箭舌豌豆不同比例混播试验结果

箭舌豌豆用量 (kg)	油菜用量 (kg)	产量 (kg)		产值 (元)
		油菜	豌豆	
7.5	0.25	21.5	57	445.2
	0.5	22	62.25	462.5
	0.75	18.5	61.25	456.3
10	0.25	22.25	57.5	451.8
	0.5	24	59.5	472.2
	0.75	17.5	55	414
12.5	0.25	19	51.25	398.7
	0.5	17.75	50	385.2
	0.75	15.75	46.75	354.6

注:1993年油菜2.4元/kg,箭舌豌豆3.0元/kg,青稞、小麦1.2元/kg

表20　冬青稞不同时间套、复种箭舌豌豆鲜草产量统计

项目＼播种期	5月3次套种			6月3次套种			7月3次套种			备注
	10号	20号	30号	10号	20号	30号	10号	20号	30号	
产量 (斤)	2 300	2 550	3 350	4 700	4 300	4 000	4 250	3 800	2 500	
产值 (元)	1 380	1 530	2 010	2 820	2 580	2 400	2 550	2 280	1 500	
投入 (元)	80	80	80	80	80	80	160	160	160	
净增收 (元)	1 300	1 450	1 930	2 740	2 500	2 320	2 390	2 120	1 340	

注:种子5元/kg,人工30元/天,翻耕地80元/天,鲜草0.3元/kg,播种早的箭舌豌豆在收割冬青稞时,因为长得高,被割掉很多,这个产量无法计算,因为它在青稞秸秆内

现在总结冬青稞套种箭舌豌豆技术，它确实有许多优点，是一项创新。

① 它在稳住粮食单位面积产量的同时生产出大量的优质牧草，粮饲双丰收，也叫两不误。

② 在生产粮食的同时箭舌豌豆的根系固氮，生物培肥了地力，为次年丰产丰收打下了良好基础。

③ 因为冬青稞套种了箭舌豌豆，倒换了茬口，改变了农田生态环境，使原来寄生在青稞等粮食作物上的病、虫、草害受到减弱甚至消灭。

④ 因为套种了箭舌豌豆培肥了地力，减少了病虫草害发生而减少了化肥和农药的使用，节省开支，减少污染。

⑤ 冬青稞套种箭舌碗豆一年两收，彻底地调整了原来清一色一年一季纯粮食作物的种植结构，改造了传统的耕作制度。

⑥ 冬青稞套种箭舌豌豆或冬小麦套种箭舌豌豆等一年两收技术，建立了农牧相互利用、相互依赖、相互促进，持续的良性循环机制及新的高产高效生产技术体系。

⑦ 冬青稞套种箭舌豌豆技术，开发、提高了农田水、热、光、田资源利用率，使资源转化为经济。

⑧ 填补了西藏一年两收农牧高效结合技术空白。

2.5　21世纪初期绿肥套复种技术研究

进入21世纪，绿肥悄然兴起。第一，从种植结构上进行了调整，因为要发展畜牧业，各地县有计划地从粮播面积中划拨近5％的种牧草（豆科绿肥）。第二，因为笔者设计主持"西藏一年两收技术"项目，带领团队（侯亚红、韦泽秀、刘国一、徐友伟、普布卓玛、尼玛卓玛等）创造了众多绿肥与粮食作物、经济作物、蔬菜、水果、饲料作物、油料作物套、复种的组合，利用两作物共生，缩短收获期，延长生长期，实现一年两收，稳粮同时种绿肥，粮草双丰收，以达到生物培肥地力和为畜牧业提供优食饲草，改善农田生态环境，减少化肥和农药施用量，使农民节省开支，提高农产品质量，建立农牧业相互利用、相互促进持久的良性循环机制和多元化、集约、高效、高产新农牧业生产技术体系，迅速改变西藏农业发展之目的。

（1）以粮食为中心套复种绿肥（有22个组合）

① 冬青稞复种蚕豆（彩图9、彩图10）、复种雪莎、复种箭舌豌豆混高秆油菜、复种蚕豆混箭舌豌豆、冬青稞套种高秆油菜混箭舌豌豆，冬青稞套种油菜（彩图15），冬青稞套种箭舌豌豆6个组合。

② 冬小麦套种箭舌豌豆（彩图13、彩图14），套种高秆油菜混箭舌豌豆、复种蚕豆、复种雪莎、复种箭舌豌豆、复种小油菜混雪莎6个组合。

③ 春青稞套种箭舌豌豆（彩图11），套种高秆油菜混箭舌豌豆、3月1日播的春青稞，8月5日可以复种油豌混播（彩图20、彩图21、彩图22），复种蚕豆、复种雪莎，复种箭舌豌豆（彩图18）、套种雪莎5个组合。

④ 春小麦套种箭舌豌豆（彩图12），套种雪莎2个组合。

⑤ 土豆复种雪莎、复种蚕豆、复种箭舌豌豆3个组合。

（2）以经济作物为中心的套复种绿肥（有26个组合）

① 大蒜复种蚕豆（彩图19），复种蚕豆混箭舌豌豆、复种高秆油菜混箭舌豌豆、复种雪莎4个组合。

② 油菜套种箭舌豌豆、复种箭舌豌豆、复种蚕豆混箭舌豌豆、复种雪莎4个组合。

③ 荞麦复种箭舌豌豆、复种雪莎（彩图16、彩图17），复种蚕豆、复种蚕豆混箭舌豌豆4个组合。

④ 西瓜复种箭舌豌豆、复种雪莎、复种蚕豆、复种蚕豆混箭舌豌豆4个组合。

⑤ 香瓜复种箭舌豌豆、复种雪莎、复种蚕豆、复种蚕豆混箭舌豌豆4个组合。

⑥ 大豆复种箭舌豌豆、复种雪莎、复种蚕豆、复种蚕豆混箭舌豌豆、套种雪莎、套种箭舌豌豆6个组合。

（3）以绿肥为中心套复种粮食、蔬菜、经济作物等（有17个组合）

雪莎复种高秆油菜混箭舌豌豆、复种蚕豆混箭舌豌豆、复种春青稞、复种春小麦、复种燕麦、复种菠菜、复种油菜、复种哈密瓜、复种香瓜、复种荞麦、复种胡萝卜、复种大萝卜、复种大蒜、复种大白菜、复种元根、复种大葱、复种圆葱等。

（4）以蔬菜为中心套复种绿肥（有8个组合）

菠菜复种蚕豆混箭舌豌豆、复种高秆油菜混箭舌豌豆、复种蚕豆、复种雪莎、大萝卜复种蚕豆混箭舌豌豆、复种高秆油菜混箭舌豌豆、复种蚕豆、复种雪莎等。

（5）以饲料作物为中心套复种绿肥（有12个组合）

燕麦复种蚕豆、复种雪莎、复种蚕豆混箭舌豌豆、套种高秆油菜混箭舌豌豆、春玉米复种蚕豆、复种雪莎、复种蚕豆混箭舌豌豆、套种高秆油菜混箭舌豌豆、元根复种蚕豆、复种雪莎、复种蚕豆混箭舌豌豆、套种高秆油菜混箭舌豌豆等。

（6）饲绿混播复种粮饲混播纯牧业（有9个组合）

高秆油菜混播箭舌豌豆复种雪莎混燕麦、蚕豆混箭舌豌豆复种玉米混油菜、玉米混箭舌豌豆复种蚕豆混油菜、玉米混箭舌豌豆复种雪莎混燕麦、雪莎混青稞复种箭舌豌豆混油菜、蚕豆混玉米复种雪莎混小油菜、蚕豆混玉米复种青稞混雪莎、高秆油菜混箭舌豌豆复种蚕豆混燕麦、燕麦混蚕豆复种青稞混箭舌豌豆。

3 化肥研究与应用

凡是用化学方法合成的或者开采矿石经加工精制而成的肥料均称化学肥料，简称为化肥，又叫无机肥料或商品肥料。

化肥有养分含量高，大多含肥料成分大于 15% 以上，1kg 相当于粪尿 30～40kg；肥效快，易溶于水、易被作物吸收利用，施肥 3～5 天见效；养分含量单纯，一般只含氮、磷、钾或者其中的一种，便于调整和利用，作物需哪种养分就施哪种养分；体积小、便于运输，施用方便及易受潮解、易挥发损失等特点。

化肥按所含养分的成分不同，可分为氮肥（碳酸氢铵、氨水、硫酸铵、硝酸铵、尿素等）；磷肥（过磷酸钙、钙镁磷肥、磷矿铵、磷酸二铵等）；钾肥（硫酸钾、氯化钾、硝酸钾等）；复合肥（氨化过磷酸钙、磷酸钾、氮磷钾三元复合肥等），特别近些年来，化肥的品种繁多，功能也各异，举不胜举。

西藏的化肥施用比内地晚 10 年多，1963 年才开始引进少量化肥进行小面积试验，而且品种较少，截至目前，只有尿素、磷酸二铵大面积施用，其他化肥品种只做少量化肥试验，因试验而专程购买，施用量也比较小，截至 20 世纪 70 年代大面积推广冬小麦，化肥也随之进入施用的第一个高峰期。80 年代随着中央对西藏大政方针的调整，化肥施用量又有回落；90 年代西藏要解决自给问题，化肥的施用量再次增加，虽然化肥的施用量有两起一落，但化肥的试验研究工作始终没有间断，取得成果比较多，但真正大面积推广的很少，原因有二：一是自治区缺少推广资金；二是当时对农作物品种的重视程度大于肥料。

3.1 20 世纪 60 年代化肥的引进试验

1963 年，西藏自治区开始引进化肥，王少仁、夏培桢首先对氮磷钾三要素进行肥效试验，不同施用量试验，不同时期追施试验，从盆栽到田间试验，都明确了化肥对农作物产量具有较大幅度增产作用，同时也显示出化肥的肥效高，用量少，运输施用方便，见效快等优点。

3.1.1 青稞化肥的肥效试验

（1）试验地点　西藏农业科学研究所 5 号试验地，试验土壤的养分情况（表21），肥力中下等，冲积高原草甸土、轻壤质。作物为当地白青稞和津浦米大麦、晚熟青稞，氮肥为硫酸铵，磷肥为过磷酸钙，钾肥为氯化钾。

表 21　自治区农科所 5 号地土壤养分分析

试验内容　　项目	全氮（%）	水解氮（mg/100g 土）	有效磷（mg/100g 土）	有效钾（mg/100g 土）	CO_2（%）	pH 值
三要素肥效试验	0.11		1.3	5.3	0.54	8.5
青稞不同施肥量试验	0.10		2.1	6.1	0.70	9.0
青稞不同时期追肥试验	0.09		1.0	5.8	0.52	8.8
三个试验的盆栽试验	0.11		1.3	6.0	0.66	7.3

（2）试验处理　对照（空白）、氮、磷、钾、氮磷、氮钾、磷钾、氮磷钾共 8 个，6 次重复，小区面积 $11.2m^2$，用肥以纯养分每种 3kg，盆栽用 25cm 高和宽的圆形盆体，每种养分以纯量 0.6g，都做基肥一次施用。

（3）试验结果　以当地的青稞为例（表22），氮肥不论单施还是混合施都比磷肥、钾肥对青稞更有明显的增产作用，1kg 硫酸铵可增产青稞 2kg 左右。施磷、钾肥也有一定的增产作用，经对青稞各发育期中的株高、分蘖及干物质重及青稞产量的结构（表格略）分析，氮对青稞的营养生长和生殖生长有良好效果，磷能显著地提高发育，钾能提高千粒重。

表 22　三要素对青稞的增产效果

项目		处理　O	N	P	K	NP	NK	PK	NPK
田间	（kg/亩）	117	254.6	205.15	197.4	253.1	244.5	189.5	250.15
	（%）	100	143.6	115.7	111.3	142.7	137.9	106.9	141
盆栽	（kg/亩）	9.35	11.75	6.3	7.4	12.2	14.75	6.4	13.3
	（%）	100	126.7	68.4	70.1	130.4	147	68.4	141.7

3.1.2 青稞氮素不同施肥量试验

（1）试验处理

Ⅰ. 对照（空白）；Ⅱ. 有机肥 500kg；Ⅲ. 有机肥 1 500kg；Ⅳ. 有机肥 2 500kg；Ⅴ. 有机肥 500kg + 尿素 1.5kg；Ⅵ. 有机肥 500kg + 尿素 3kg；Ⅶ. 有机肥 500kg + 尿素 4.5kg；Ⅷ. 尿素 1.5kg；小区面积 15m²，盆栽同前 25m³，重复 8 次，处理也是 8 个，有机肥 50g、150g、250g，无机肥氮素为 0.3g、0.6g、0.9g，两种试验都是基施一次性。

（2）试验结果

①有机肥有一定增产作用，但田间试验 500kg 与 2 500kg 的施肥量增产效果不明显（表 23），盆栽不同有机肥施用量对产量影响较大，可能是土温受气温影响增高，加强了微生物活动，促进有机养分的分解而提高了利用率。

②无机肥（氮肥）增产显著，但不是越多越好。当每亩施氮素 3kg（中量）时显著地提高产量 58.3kg，即 1kg 硫酸铵增产 0.975kg 青稞；每亩施 4.5kg 氮素（高量）时产量反而降低（表 24）。说明 20 世纪 60 年代耕作条件下，每亩施氮素 3kg 较合理，从当时的经济效益和当时农民经济条件考虑施肥情况，以每亩施 1.5kg 氮素经济效益最高，每千克硫酸铵可以增产青稞 2.95kg。

表 23 有机肥不同施用量对青稞产量的影响

处理 \ 项目	田间			盆栽		
	（kg/亩）	（%）	增产量（斤）	（kg/亩）	（%）	增产量（斤）
空白	170.7	100		10.7	100	
500kg	185.25	108.5	+14.55	11.3	105.2	+0.6
1 500kg	180.6	105.8	+9.9			
2 500kg	188.7	110.5	+18	14.5	135.5	+3.8

表 24 无机（氮）肥不同施用量对青稞产量的影响

处理 \ 项目	田间			盆栽		
	（kg/亩）	（%）	增产量（kg）	（kg/亩）	（%）	增产量（g）
有机底肥	185.25	100		11.3	100	
底肥 +1.5kgN 素	229.9	124.1	44.65	19.1	169.0	+7.8
底肥 +3kgN 素	243.55	131.4	58.3	23.8	210.6	+12.5
底肥 +4.5kgN 素	231.65	125.0	46.4	28.2	249.5	+16.9

3.1.3 青稞不同时期施氮肥试验（1964年）

（1）试验处理

I. 对照（不施肥）；II. 底肥（500kg 堆制的马厩肥）；III. 分蘖肥（氮素1.5kg）；IV. 拔节肥（氮素1.5kg）；V. 孕穗肥；VI. 0.75kg 分蘖施、0.75kg 拔节施；VII. 0.75kg 分蘖施、0.75kg 孕穗施；VIII. 0.75kg 拔节施、0.75kg 孕穗施；IX. 0.55kg 分蘖施、0.55kg 拔节施、0.55kg 孕穗施；田间试验设重复，小区面积为 5.5m²，作物为早、晚熟两种青稞。盆栽试验处理同田间试验，重复 8 次，马厩肥每盆 50g、氮素 0.3g，配成溶液，结合浇水时施用。

（2）试验结果

①田间试验结果表明：不论早熟的津浦米大麦还是晚熟的当地白青稞及所有的9 个处理施氮素都有明显的增产作用；早熟青稞在分蘖期 0.75kg 和拔节期 0.75kg 追肥增产幅度最大，达 26.7%，其次是分蘖时追 1.5kg 和拔节时追 1.5kg，分别增产 24.8% 和 21%；晚熟青稞以孕穗期追施效果最大，增产幅度达 31.2%，其次是在分蘖期、拔节期、孕穗期各追施 1/3，增产幅度达 28.3%（表25）。

表25 青稞不同时期施氮肥试验

品种	产量	对照	分蘖施	拔节施	孕穗施	0.75kg 分蘖施 0.75kg 拔节施	0.75kg 分蘖施 0.75kg 孕穗施	0.75kg 拔节施 0.75kg 孕穗施	马厩肥播种施（500kg/亩）	0.5kg 分蘖施 0.5kg 拔节施 0.5kg 孕穗施
早熟青稞	（kg/亩）	205.9	260	252	244.25	264.05	226.5	247.5	208.25	230.5
	增产（%）		124.8	121	117.2	126.7	108.7	118.8	100	110.6
	增产量（kg）		51.65	43.75	35.9	55.8	18.25	39.25		22.25
晚熟青稞	（kg/亩）	165.65	232.65	213	249.45	213.4	214.1	234.35	190.25	244.25
	增产（%）		122.2	111.9	131.2	112.1	112.5	123.1	100	128.3
	增产量（kg）		42.4	22.75	59.9	23.25	23.85	44.1		54

②盆栽试验因无防雨设备，在雨季青稞大部分处于淹水，死亡较多，结果零乱无规律。

（3）试验结论

①青稞在有效生育期间内施用氮素肥料能明显增加产量。

②早熟青稞在拔节期以前追施氮素肥料增产效果最佳。

③晚熟青稞在孕穗期追施氮素肥料增产幅度最大。

3.1.4 达孜县章多乡氮素化肥对青稞增产作用试验（1964 年）

3.1.4.1 尿素做基肥试验

（1）试验处理 Ⅰ. 对照（No.）；Ⅱ. 亩施氮素 2kg；Ⅲ. 亩施氮素 3kg；小区面积为 301m²、281m²、400.2m²，青稞品种为查久。

（2）试验结果 从表 26 结果看出，尿素作基肥施用，对青稞株高及产量等有明显影响，呈现随着氮素用量的增加而增长，亩施 2kg 氮素，比对照增产12.9%，每千克氮素增产 1.6kg 青稞，亩施 3kg 氮素比对照增产 56.1%，每千克氮素增产 4.61kg 青稞。

表 26 尿素作基肥对青稞生育性状及产量影响

处理 项目	株高（cm）	穗长（cm）	穗粒数（粒）	穗粒重（g）	千粒重（g）	亩产量（kg）	增产（%）	亩增产（kg）	氮素增产青稞青稞 kg/氮素（kg）
N0	73.7	3.82	17.6	0.7	35.1	50.2	100		
N4	73.4	4.05	19.7	0.77	36.5	56.65	112.9	3.2	1.615
N6	83.5	4.34	27.5	1.09	36.2	78.35	156.1	13.825	4.615

3.1.4.2 尿素作追肥试验

（1）试验处理 Ⅰ. 对照（No.）；Ⅱ. 氮素 0.5kg/亩；Ⅲ. 氮素 1.5kg/亩；Ⅳ. 氮素 2.5kg/亩；有 11 块试验地，其中，分蘖时施肥 5 块，重复 9 次，小区面积 40~100m²，基肥圈养粪 150~600kg；拔节时追施 4 块，重复 5 次，小区面积75~135m²，基肥圈养粪 150~200kg；孕穗时追施 2 块，重复 3 次，小区面积100m²，基肥圈养粪 250~500kg；追施化肥都是雨后或灌水后地表湿润，把化肥才撒到地表，作物是查久青稞。

（2）试验结果 从表 27 看出，青稞在生育各个时期，追施尿素都有明显增产作用，其中以分蘖期追施增产幅度最大，氮 0.5kg 增产 11.4%、氮 1.5kg 增产40.1%、氮 2.5kg 增产 129.3%；拔节期氮 0.5kg 增产 10.6%、氮 1.5kg 增产23.1%、氮 2.5kg 增产 41.9%；孕穗期氮 0.5kg 增产 7.8%、氮 1.5kg 增产 9.6%、氮 2.5kg 增产 16.3%；最后平均计算，分蘖时追氮素，每千克氮素增产 9.4kg，拔节时每千克氮素增产 5.3kg，孕穗时每千克氮素增产 3.1kg 青稞（表 27）。

表27 不同青稞生育期追施氮肥的增产效果

处理\施肥期	试验田块	重复	N0 kg	N0 %	N0.5 kg	N0.5 %	N1.5 kg	N1.5 %	N2.5 kg	N2.5 %	总增产(kg/亩)(斤)	青稞kg/氮肥kg
分蘖期	5	9	93.2	100	103.8	111.4	130.6	140	214.5	129.3	10.6+37.4+121.3	18.8
拔节期	4	5	113.5	100	130.0	110.6	144.6	123.1	161	141.9	16.5+31.1+47.5	10.6
孕穗期	2	3	165.9	100	178.8	107.8	181.9	109.6	193	116.3	12.9+16+27.1	6.2

3.1.4.3 硫酸铵作种肥对青稞增产影响

（1）试验处理 Ⅰ．不施种肥为对照；Ⅱ．施种肥，每亩施硫酸铵2.5kg（氮素0.5kg）硫酸铵和种子混合后撒播；小区面积为618m²，基肥为圈养粪550kg/亩，青稞品种为查久。

（2）试验结果 试验结果显示（表28），施种肥对青稞株高、穗长及有效分蘖有较好影响，但对穗粒数、千粒重影响不明显。因此，对青稞产量无明显影响，可能是氮素数量不够的原因，需加大种肥用量，有待进一步试验。

尿素、硫酸铵对青稞增产作用试验统计相同数量的氮素，尿素的氮素不论做基肥还是做追肥，增产的青稞数量都比硫酸铵的氮素大几倍（表29）。

表28 硫酸铵作种肥对青稞经济性状及产量影响

处理\分析	株高(cm)	穗长(cm)	有效分蘖(个/株)	无效分蘖(个/株)	穗粒(个)	穗粒重(g/穗)	千粒重(g)	亩产量(kg)
对照	92.4	5.62	0.43	0.5	38.1	1.61	30.2	158.35
种肥	95.3	5.94	1.55	0.79	32.5	1.45	30	157.5

表29 尿素、硫酸铵对青稞增产作用

处理	项目	产量(kg/亩)	产量(%)	增产数量(kg)	每千克氮素增产青稞(kg)	每千克化肥增产青稞(kg)
基施	对照	45.85	100			
	硫铵氮1kg	49.5	103.5	1.65	0.825	0.165
	尿素氮1kg	79.25	172.6	33.3	16.65	7.655
追施	对照	51.55	100			
	硫铵氮1.5kg	62.1	120.5	10.55	3.505	0.705
	尿素氮1.5kg	72.3	140.3	20.75	6.815	3.185

氮素肥料对青稞有明显增产作用，不仅施用方法不同，增产作用也不同，而且氮素的不同形态对青稞的增产作用大不相同，以尿素酰铵形态的氮比硫酸铵的铵态氮增产效果好。就化肥而言，1kg尿素相当于2.3kg硫酸铵，施用尿素还可以节省大量运输。

拉萨青稞和引进的津浦米大麦两品种，均以施氮3kg的产量最高，增产幅度最大（表30）。

表30　青稞不同品种对氮肥不同量的效应

处理　　作物	拉萨青稞				津浦米大麦			
	亩产量（kg）	增产（kg）	增幅（%）	青稞/氮（kg/kg）	亩产量（kg）	增产（kg）	增幅（%）	青稞/氮（kg/kg）
对照	191.3				179.2			
1.5kg氮	239.9	48.6	25.4	32.4	219.9	40.7	22.7	27.2
3kg氮	249.8	58.5	30.6	19.5	237.3	58.1	32.4	12.1
4.5kg氮	229.50	38.26	20	8.5				

在上述两者青稞品种均用氮3kg的量在分蘖、拔节、孕穗时期一次施用，津浦米大麦在拔节期施，增产幅度最大，亩产227kg，比对照亩产179.2kg增产26.7%；当地青稞在孕穗期施，增产幅度最大，亩产251kg，比对照亩产191.3kg增产31.2%。

3.1.5　自治区农科所王少仁、夏培桢在达孜县章多乡一条山沟里的三要素试验（1965年）

3.1.5.1　氮、磷、钾化肥的肥效比较试验

（1）试验材料　钩芒春青稞，硫酸铵、过磷酸钙、氯化钾，切嘎、章多、卡普村的中等肥力耕地，切嘎亩施厩杂粪600kg、卡普和沙玛卓亩施300kg，章多未施。

（2）试验处理　Ⅰ.对照；Ⅱ.氮3kg；Ⅲ.磷3kg；Ⅳ.钾3kg；Ⅴ.氮磷各3kg；Ⅵ.氮钾各3kg；Ⅶ.磷钾各3kg；Ⅷ.氮磷钾各3kg，切嘎村设4次重复，其他村未重复，播前基施。

（3）试验结果　氮肥不论单施或配合其他肥料，4个点的增产效果都是最大

的，其增产效果最好的是处在开阔的山口平地，增产68.5%；氮磷肥配合增产效果最明显，单施磷肥增产9.6%，单施氮肥增产10.4%，氮磷配合施用，增产37.9%。单施钾肥未见增产效果（表31）。

表31 1965年达孜县章多公社氮磷钾肥对青稞产量影响

地点	处理	对照	氮	磷	钾	氮磷	氮钾	磷钾	氮磷钾
切嘎	亩产（kg）	200	220.85	219.2	181.25	275.85	223.35	207.5	280
	增产（%）		10.4	9.6	-9.4	37.9	11.7	3.7	40
	青稞/肥料（kg/kg）		0.695	0.48	-1.56	1.085	0.555	0.145	0.97
章多	亩产（kg）	148.35	250	180	145	296.7	243.35	180	285
	增产（%）		68.5	21.3	-2.3	100	64	21.3	92.1
	青稞/肥料（kg/kg）		3.39	0.08	-0.28	2.12	2.26	0.515	1.66
卡普	亩产（kg）	185.4	249.55	213.9	196.3	260.25	256.7	212.1	260.25
	增产（%）		34	15.4	5.9	40.3	38.5	14.2	40.3
	青稞/肥料（kg/kg）		2.14	0.715	0.865	1.07	1.7	0.415	0.5015
沙玛卓	亩产（kg）	146.8	199.65	160.9	140.8	264.55	195.25	189.5	214.2
	增产（%）		36	9.6	-4.1	80.2	33	29	45.9
	青稞/肥料（kg/kg）		1.76	0.35	-0.5	1.68	1.15	0.915	0.825
平均亩产（kg）		170.15	230	193.5	165.8	274.35	229.65	197.3	259.85
平均增产（%）			35.1	13.7	-2.5	61.2	34.9	16.9	52.7
亩平均增产（kg）			59.85	23.35	4.35	104.2	59.5	27.15	89.7
平均			1.995	0.585	0.365	1.49	1.415	0.52	1.095

3.1.5.2 硫酸铵不同施用方法试验

（1）试验材料 钩芒青稞，硫酸铵，章多公社章多村下等肥力耕地。

（2）试验处理 Ⅰ. 对照；Ⅱ. 播种前混合干细土撒到地表、耕翻基施10kg硫酸铵；Ⅲ. 拌细土撒入播种沟内10kg硫酸铵；Ⅳ. 在青稞分蘖时灌水后撒到行间10kg硫酸铵（拌好土），3次重复；小区面积18m^2。

（3）试验结果 试验结果显示，同质同量的硫酸铵化肥，因施用方法不同其肥效也大不一样，其中以种施效果最好，增产50.6%，每千克硫酸铵化肥可增产1.54kg青稞，追肥的效果最差（表32）。

表32　硫酸铵不同施用方法对青稞的产量影响

项目＼处理	对照	基施	种施	追施
亩产量（kg）	60.85	88.75	91.65	83.75
增产（kg）		27.9	30.8	22.9
增产（%）		45.9	50.6	37.6
青稞/硫铵（kg/kg）		1.395	1.54	1.145

3.1.5.3　氮素化肥追肥试验

（1）试验材料　半腐熟羊粪、硫酸铵、尿素，拉萨紫青稞，达孜县章多公社切嘎村、章多村。

（2）试验处理　①切嘎村羊粪500kg做底肥/亩：对照（不施化肥）；氮1kg（硫酸铵5kg）；氮2kg（硫酸铵10kg）；氮4kg（硫酸铵20kg）；氮1kg（尿素2.2kg）；氮4kg（尿素8.8kg）；分蘖期一次性追施，重复4次，随机排列。②章多村没施底肥：对照（不施化肥）；氮2kg（硫酸铵10kg）；氮4kg（硫酸铵20kg）；氮6kg（硫酸铵30kg）；无重复。

（3）试验结果　①青稞在分蘖期追施氮素化肥，青稞的亩产量随着追肥量的增加而不断提高，试验的两个点的结果是一致的。例如切嘎村硫酸铵5kg增产9.4%，追20kg增产53.1%；追尿素2.2kg青稞增产16%，追8.8kg增产71%。章多村追施硫酸铵10kg青稞增产21.6%，追施30kg增产82.4%。②每千克肥料或每1kg氮素的绝对增产作用随着追施量的加大而增强。例如切嘎村每亩追氮1kg（尿素2.2kg），每千克氮素增产青稞10.225kg，每千克尿素增产青稞4.645kg；每亩追氮4kg（尿素8.8kg），每千克氮素增产青稞11.35kg，每千克尿素增产青稞5.16kg，无减弱的情况出现，章多村的趋势与切嘎村一致。③尿素做追肥比硫酸铵作追肥效果好。例如每亩施尿素每千克，增产青稞16%，追施硫酸铵氮素1kg增产9.4%；追施尿素氮素4kg，增产青稞71%，追施硫酸铵氮素4kg，增产青稞53.1%；相对的每千克肥或千克氮素增产青稞量硫酸铵也不及尿素。例如每亩追施尿素氮素1kg，1kg氮素增产青稞10.225kg，而同等氮量的硫酸铵，1kg氮素增产青稞6.05kg，相差4.175kg；每亩追施尿素氮素4kg，每千克氮素增产青稞 11.35kg，追施硫酸铵氮素，每千克氮素增产青稞 8.495kg，相差 2.86kg（表33）。

3.1.5.4 氮素化肥基施追施结合不同用量试验

（1）试验材料 尿素、紫青稞、厩杂肥、中等肥力农田。

（2）试验处理 Ⅰ.对照（不施化肥）；Ⅱ.在基施厩杂肥 300kg 的基础上氮素基施 2kg；Ⅲ.氮素在分蘖期追施 2kg；Ⅳ.氮素基施 2kg，追施 2kg；Ⅴ.氮素基施 2kg，追施 4kg；Ⅵ.基施 4kg，追施 2kg；Ⅶ.基施 2kg，追施 6kg；Ⅷ.基施 6kg，追施 2kg；Ⅸ.基施 2kg，追施 8kg；Ⅹ.基施 8kg，追施 2kg，3 次重复，小区面积 20m^2。

（3）试验结果 从表34 看出，尿素在青稞播种时基施 2kg 氮素，在分蘖时追施 8kg，青稞亩产量最高，基施 2kg 氮素，分蘖时追施 6kg 青稞亩产量居二位；基施氮素多不高产，在氮素施肥分配中，以少量做基肥，多数做追肥肥效更高一些；总氮素施用多，青稞增产就多，氮素多少直接影响青稞亩产量。

1965 年王少仁、夏培桢在达孜县章多公社三要素肥料试验结论为：

氮磷钾三要素肥效试验结果是氮素对青稞增产作用最大，其次是磷素，钾素对青稞无增产效果，氮磷配合施效果更好。

硫酸铵氮素化肥做种肥施效果最好。

尿素氮素化肥在青稞分蘖期追施效果好，并随追施量增加青稞产量而提高，氮素绝对增产值也有增多的趋势。

尿素氮素化肥在施用过程中，以基施 2kg，在分蘖时追施 8kg 或 6kg 的基施、追施以 1∶4 或 3 的分配比例效果最好。

3.2 20 世纪 70 年代化肥施用技术研究试验

西藏自治区农牧厅根据自治区农业研究所提供的化肥肥效试验数据，开始少量调入化肥，并由 1972 年自治区党委书记阴法营开始在冬小麦和冬小麦优良品种上推广，化肥施用量逐年增加。随之，进行种肥、基肥、追肥、根外喷施、不同时期化肥的施用方法等应用试验占比例较大。全区化肥施用量也由 1972 年的 673.17t 提高到 1979 年的 21 018t，创造了西藏历史上第一次最高纪录。

表 33 硫酸铵、尿素化肥不同追施肥量对青稞产量的影响

项目 处理	对照	硫酸铵化肥 切嘎村试验地 N_1 化肥 (5kg)	N_2 化肥 (10kg)	N_4 化肥 (20kg)	章多村试验地 N_2 化肥 (10kg)	N_4 化肥 (20kg)	N_6 化肥 (30kg)	对照	尿素化肥 切嘎村试验地 N_1 化肥 (2.2kg)	尿素村试验地 N_4 化肥 (8.8kg)
亩产量 (kg)	127.9	140	176.7	195.85	206.7	246.7	310	170	148.35	218.75
增产 %		9.4	38.2	53.1	21.6	45.1	82.4		16	71
青稞/化肥 (kg/kg)		1.21	2.44	1.7	1.835	1.915	2.385		4.645	5.16
青稞/氮素 (kg/kg)		6.05	12.2	8.495	9.175	9.585	11.66		10.225	11.35

表 34 尿素作基肥、追肥不同施用量对青稞经济性状及产量影响

项目 处理	苗株数 (万)	苗穗数 (万)	每穗粒数	千粒重 (g)	各重复试验产量 I	II	III	平均亩产 (kg)	增产 (kg)	增产 (%)	千克氮增产 (kg)	千克肥增产 (kg)
对照	14.1	15.8	29.8	46.7	136	160.3	186.15	176.9				
基施0+追施2	14.9	16.6	37.5	48.2	138.9	295.75	336.5	323.7	146.8	82.9	16.775	16.39
基施2+追施0	15.9	16.9	38	48.5	212.05	271.35	271.85	251.9	75	42.4	18.75	13.6
基施2+追施2	15.8	16.5	47	49.2	297.5	292.25	301.2	247.1	70.2	67.95	15.025	11.64
基施2+追施4	15.9	18.1	52.3	47.7	325.95	370	312.95	336.3	159.4	90.1	13.285	11.09
基施4+追施2	13.9	16.3	36.5	49.6	363.55	272.5	331.15	323.9	147	83.1	12.25	5.61
基施2+追施6	13.9	16.3	53.4	49.5	408.85	420.1	375.95	302.99	136.09	127.76	11.625	6.48
基施6+追施2	13.9	17.2	47.5	42.1	363.2	340.15	401.7	370.7	194	109.54	12.115	5.56
基施2+追施8	14.6	19.2	56.5	49.1	462	398.15	368.55	408.9	232	131.15	11.6	5.32
基施8+追施2	13.9	24.9	52.5	49	375.75	407.45	387.55	390.1	213.2	110.52	10.66	4.885

3.2.1　青稞根外喷施尿素试验（1973年）

（1）试验材料　68321青稞，猪厩粪、尿素、中等肥力的拉萨河轻壤质冲积土，pH值7、有机质1.84%、全氮0.118%。

（2）试验处理　亩施猪厩粪350kg的基础上，在分蘖期、拔节期、孕穗期喷施5%尿素和10%的尿素溶液、对照等7个处理，在两块地各进行2次重复，小区面积15m^2，随机排列。

（3）栽培管理　1972年秋翻，1973年3月施猪厩粪每亩350kg，4月上旬灌水，4月16日耕耙，4月26日再次耕耙（京马蓼除草）、播种，6月8日和7月12日灌水两次，5月25日除1次草，5月30喷1次除草药，在5月20日、6月14日、7月2日进行根外喷施尿素。

（4）试验结果　从结果上看，无论5%或10%尿素溶液根外喷施，在青稞植株生长上，体内干物质积累、植株含氮量等都无明显影响，在产量上看对青稞有增产作用，在分蘖期、拔节期、孕穗期5%的分别比对照增产9.1%、12.5%和20.5%，10%的分别比对照减产1.3%～6%，并对叶片有伤害（表35）。

（5）试验小结　①从青稞根外追肥的一年试验看，5%尿素溶液浓度为宜，以孕穗期喷施效果最好。②根外追肥受自然因素（天气）影响较多，不易掌握，只能做补助措施，不能代替土壤施肥。

表35　不同浓度尿素溶液根外追肥对青稞产量影响

处理	项目　亩产量/kg			增产（%）
	I	II	平均	
对照	336	370.93	355.25	
分蘖期根外追施5%	395.6	379.6	387.6	9.1
拔节期根外追施5%	347.82	452.05	399.93	12.57
孕穗期根外追施5%	442.28	414.05	428.16	20.52
对照	453.83	414.49	434.11	
分蘖期根外追施10%	429.38	447.16	438.27	0.94
拔节期根外追施10%	426.05	431.38	428.7	-1.36
孕穗期根外追施10%	446.28	370.04	408.16	-5.9

3.2.2 青稞氮素化肥施用量试验（1973 年）

（1）试验材料 猪厩粪、磷矿粉、氯化钾、尿素、拉萨河冲积轻壤质土、肥力中等、pH 值 6.2、有机质 1.1%、全氮 0.119%、68321 春青稞。

（2）试验处理 Ⅰ. 在亩施猪厩粪 350kg、磷矿粉 10kg、氯化钾 10kg 为基肥同时又是对照；Ⅱ. 在Ⅰ. 的基础上施氮素 1.5kg；Ⅲ. 施氮素 3kg；Ⅳ. 施氮 4.5kg；Ⅴ. 施氮 6kg；Ⅵ. 施氮 7.5kg；Ⅶ. 施氮 9kg；Ⅷ. 施氮 10.5kg；Ⅸ. 施氮 12kg，共 9 个处理，基肥在播种前耕地时一次性施入土中，9 个处理在播种时划分小区时施入，小区面积为 15m^2，4 次重复。

（3）试验结果 从产量结果分析看，在亩施猪厩粪 350kg、磷矿粉 10kg、氯化钾 10kg 的基础上，氮素施 4.5~6kg，即尿素 9.73~13.04kg，青稞亩产量最高，分别达 417.3kg、408.3kg，施肥量再增加，青稞亩产量反而下降。从产量构成因素看，氮素 4.5kg 因每穗粒数、千粒重高而产量居首位（表 36）。没倒伏（表 37），施用氮素数量多，籽粒中粗蛋白质含量呈上升趋势。

表 36 氮素施用量对青稞经济性状、产量等的影响

项目处理	穗长（cm）	每亩穗数（万）	每穗粒数（粒）	每穗粒重（g）	千粒重（g）	亩产量（kg）	增产（%）	千克氮增产（kg）	千克肥增产（kg）
对照	4.32	14.20	40.53	1.798	44.37	304.84			
N_2	4.98	19.06	37.95	1.702	45.45	363.54	19.25	19.56	9.00
N_6	5.35	19.00	40.04	1.668	43.79	389.77	27.85	14.15	6.55
N_9	5.65	21.20	53.30	2.189	44.40	417.27	36.88	12.44	5.74
N_{12}	5.17	20.66	38.26	1.548	41.41	408.34	33.94	8.62	3.96
N_{15}	5.68	21.66	39.20	1.754	41.24	399.71	31.12	6.37	2.91
N_{18}	5.27	21.60	45.43	1.857	39.31	364.15	21.09	3.57	1.64
N_{21}	5.93	30.33	45.55	1.646	39.34	382.38	25.43	3.69	1.64
N_{24}	5.36	28.90	55.58	2.393	39.34	393.435	29.06	3.69	1.50

表 37　氮素施用量对青稞倒伏、千粒重、蛋白质含量等的影响

项目　　处理	倒伏调查日期及面积（m²）				千粒重 (g)	植株蛋白质测定日期及含量（%）					籽粒粗蛋白质 (%)
	7月16日	7月25日	7月30日	8月6日		5月23日	6月16日	7月3日	7月12日	8月28日	
对照					44.37	4.447	2.777	1.139	1.071	0.313	8.307
N₃			3.3	5	45.45	4.934	2.615	1.438	1.031	0.149	8.453
N₆	0.83	0.83	1.0	4.2	43.79	5.026	2.931	1.459	1.379	0.212	7.939
N₉					44.40	5.480	3.304	1.966	1.035	0.361	8.764
N₁₂	0.83	0.83	11.6	30.2	41.41	4.834	3.530	2.485	1.094	0.339	9.164
N₁₅	10	11.6	26.6	35.0	41.24	5.160	4.782	2.254	1.727	0.371	9.258
N₁₈	35	40	55	55.0	39.31	5.090	3.777	2.511	1.446	0.495	9.744
N₂₁	13.3	20	30	43.3	39.34	5.216	4.432	2.543	2.870	0.589	11.236
N₂₄	30	33.3	46.6	53.3	39.34	5.040	4.738	2.667	2.057	0.669	11.154

（4）试验小结　①在亩施猪厩粪 350kg，磷矿粉 10kg，氯化钾 10kg 基础上，每亩施氮素 4.5～7.5kg 最佳。②随着氮素施用量的增加，青稞的穗长、每亩穗数、每穗粒数、植株及籽粒中的蛋白质有逐渐增加，而千粒重呈逐渐下降的规律。③氮素施用量越多，青稞倒伏面积越大，控制在适量范围内，倒伏较少。

3.2.3　1974 年达孜基点青稞施用氮素化肥方法试验

（1）试验材料　日本尿素含 N46%、中等质量农家土杂肥、336 春青稞、中等轻壤土。

（2）试验处理　氮素化肥作种肥与作追肥对比试验，各处理在以每亩 500kg 中等农家土杂肥为底肥的基础上，设Ⅰ. 对照（不施化肥）；Ⅱ. 种肥 N1kg；Ⅲ. 种肥 N2kg；Ⅳ. 种肥 N3kg；Ⅴ. 追肥 N1kg；Ⅵ. 追肥 N2kg；Ⅶ. 追肥 N3kg；Ⅷ. 种肥 N1kg + 追肥 N1kg；Ⅸ. 种肥 N2kg + 追肥 N1kg；Ⅹ. 种肥 N1kg + 追肥 N2kg，种肥拌土与种子一起下地，追肥在分蘖盛期开沟追施，小区面积 18m²，3 次重复，长 6m，宽 3m。

尿素化肥分期施用试验，各处理以每亩 500kg 中等农家土杂肥为底肥，总施氮量 10kg（尿素 21.7kg）基础上，设Ⅰ. 基施（播种时撒施）；Ⅱ. 基施 8kg + 分蘖施 2kg；Ⅲ. 基施 6kg + 分蘖施 4kg；Ⅳ. 基施 4kg + 分蘖施 6kg；Ⅴ. 基施 2kg + 分蘖施 8kg；Ⅵ. 分蘖施 10kg；Ⅶ. 基施 2kg + 分蘖施 2kg + 拔节施

6kg；Ⅷ. 分蘖施2kg + 拔节施2kg + 孕穗施6kg；Ⅸ基施2kg + 分蘖施2kg + 拔节施2kg + 孕穗施2kg + 抽穗施2kg；Ⅹ. 不施氮。

有机肥施用量试验包括：Ⅰ. 中等农家土杂肥每亩500kg；Ⅱ. 中上等农家土杂肥每亩1 500kg；Ⅲ. 富裕农家土杂肥每亩2 500kg。

（3）试验结果　氮素作种肥比作追肥增产3% ~9%，作种肥以每亩1kg或2kg为佳，如能两者结合，以种肥1kg加追肥2kg比对照增产76.13kg，是相同数量氮素施用最好效果（表38）。

表38　尿素氮肥作种肥与作追肥对青稞产量的影响

处理	项目	施肥量 （kg）	施肥方法	亩产量 （kg）	增产 （kg）	增产（%）	位次
A2	氮		种	220.95	33.3	27.24	8
A3		1kg	追	215.65	28	14.92	9
A4	氮		种	280.25	92.6	49.34	2
A5		2kg	追	265.45	77.8	41.46	4
A6			种2 + 追2	264.75	82.1	43.75	3
A7	氮		种	261.15	73.5	39.16	5
A8		3kg	追	245.1	57.45	30.62	6
A9			种4 + 追2	240	52.35	27.90	7
A10			种2 + 追4	285.7	98.1	52.27	1
A1			空白	187.65			10

氮素在青稞不同生育期施肥，以分蘖期施用青稞亩产374.7kg为最高，依次是基施4kg、分蘖期施6kg或8kg，总施用量合计10kg的组合亩产368.5kg；第三是基施2kg，分蘖施2kg，拔节再施6kg的青稞亩产358.6kg（表39）。

表39 等量氮素分期施肥对青稞产量的影响

处理 \ 项目	分期施氮素量（kg）	亩产量（kg）	增产（kg）	增产（%）	位次
B2	基施 10kg	332.1	119.15	56	7
B3	基施 8kg + 分蘖施 2kg	353.3	140.3	65.9	4
B4	基施 6kg + 分蘖施 4kg	345.7	132.75	62.3	5
B5	基施 4kg + 分蘖施 6kg	368.5	155.6	73.1	2
B6	基施 2kg + 分蘖施 8kg	368.5	155.6	73.1	2
B7	分蘖施 10kg	374.7	161.75	76	1
B8	基施 2 + 分蘖施 2 + 拔节施 6	358.8	145.9	68.5	3
B9	分蘖施 2 + 拔节施 2 + 孕施 6	305.6	92.65	43.5	8
B10	基施 2 + 分 2 + 拔节 2 + 孕 2 + 抽 2	336.45	123.5	58	6
B1	空白	212.95			9

有机肥 250kg、500kg 增产 17.25kg 青稞，等于在施有机底肥基础上再施 1kg 氮素种肥增产的数量，2 000kg 有机肥相当于 2kg 尿素的增产青稞。

（4）试验小结 ①氮素在 3kg 以下的施肥条件下，作种肥比作追肥更经济有效，在 10kg 左右以作追肥比作基肥效果好，尤以分蘖期追施为佳。②1kg 尿素的有效氮素相当于 500kg 土杂肥的氮素，而氮素化肥与有机肥结合为更好。

3.2.4 1976 年堆龙德庆县羊达公社尿素做基肥，追肥比例试验

西藏自治区农科所在堆龙德庆县羊达公社基点，把尿素用在青稞做基肥和追肥进行了比例试验，探讨青稞施用尿素的增产潜力以及经济用肥的方法。

（1）试验材料与方法 作物为青稞 336 品种，试验地中等肥力，肥料为尿素，有机肥 500kg/亩做底肥，小区面积 18m^2，3 次重复，略高于大田的拔草、松土、灌水等田间管理，试验处理设 10 个（表40）。追肥时间为分蘖盛期，基肥是在播种前耕地时与有机肥一起施入土中。

表40　青稞的尿素基施与追施不同比例试验处理

| 处理 | 养分比例 | 亩氮素基、追量（kg） | | 亩尿素基、追量（kg） | | 亩氮素总量（kg） | 亩尿素总量（kg） |
		基施	追施	基施	追施		
1	4:1	8	2	17.4	4.35	10	21.75
2	3:1	6	2	13.05	4.35	8	17.4
3	2:1	4	2	8.7	4.35	6	13.05
4	1:1	2	2	4.35	4.35	4	8.7
5	0:1	0	2	0	4.35	2	4.35
6	1:4	2	8	4.35	17.4	10	21.75
7	1:3	2	6	4.35	13.05	8	17.4
8	1:2	2	4	4.35	8.2	6	13.05
9	1:0	2	0	4.35	0	2	4.35
10	0:0	0	0	0	0	0	0

（2）试验结果　从表41看出，青稞基施氮6kg，在分蘖时追施2kg氮亩穗数最多，为19.2万穗，穗粒数也最多，为56.5粒，千粒重较高，为49.1g，亩产量最多，为408.9kg，生育期142天也是比较长。施氮比不施氮均能大幅度增产，其中施氮量最低的2kg，单位氮素增产量最大，为36.75kg青稞，随着施氮量增加，单位氮增产的幅度在下降。氮素基施2kg，在分蘖时追施2kg亩产226.05kg，居第二位，单位氮增产青稞28.25kg，也属第二位。

表41　尿素基施与追施对青稞经济性状及产量的影响

处理	项目	亩穗数（万）	每穗粒数（粒）	千粒重（g）	亩产量（kg）	亩增产（kg）	0.5kg氮素增产青稞数（kg）	生育期（天）
1	基8追2	14.9	52.5	49	390.1	213.25	10.66	140
2	基6追2	19.2	56.5	49.1	408.9	232	14.5	142
3	基4追2	17.2	47.5	42.1	310.7	193.8	16.1	136
4	基2追2	16.3	53.4	49.3	402.95	226.05	28.275	144
5	基0追2	16.3	33.5	49.6	323.9	147	36.75	137
6	基2追8	18.1	52.3	47.7	386.3	159.4	7.547	127
7	基2追6	16.6	47	49.2	297.1	120.2	7.5	128
8	基2追4	16.9	38	48.5	323.7	146.3	12.25	127
9	基2追0	16.6	37.5	48.2	251.9	75	18.75	128
10	基0追0	15.8	29.8	46.7	176.9			126

氮素基施与追施的比例，以 4 处理的 2：2 即 1：1 为最佳，不仅总产量比较高为 226kg，单位氮增产青稞量也比较高，为 28.25kg，如果计算经济效益可能更高。

氮在青稞基施量相同条件下，追施 4kg 氮素相对比较好，不仅总产较高为 323.7kg，单位氮增产青稞 12.25kg 也比较高。在青稞追肥等量 2kg 基础上，基施氮 6kg 和 2kg 比较好，总产较高，单位氮素增产较多，分别为 14.5kg 和 28.25kg。

氮肥基施多，拉长青稞生育期，影响晚熟是明显的，延长 10～18 天成熟，追施对青稞生育期影响不大。

氮素基施 2kg，亩产 251.9kg，追施亩产 323.9kg，追施效果比基施增产 72kg。

（3）试验结论　青稞基施氮肥和追施氮肥的比例以 1：1 为宜，如果肥料不足，应追施在分蘖盛期。

青稞基施和追施氮素超过 6kg 时都有轻微倒伏，单位氮素增产青稞较少。

氮素基施多延长青稞生育期，增加穗粒数，增加亩产量。

3.2.5　达孜县章多公社氮磷化肥配合施用试验（1979 年）

（1）试验材料　肥麦冬小麦，三料过磷酸钙，山谷洪冲积中等肥力黏壤土，土壤全磷含量 0.03%，速效磷 3.36mg/kg，草渣肥，七行播种机，尿素。

（2）试验处理　播种时磷肥全部作基肥一次性施入土壤，处理分别为：Ⅰ.22.5kg；Ⅱ.15kg；Ⅲ.7.5kg；Ⅳ.不施三料过磷酸钙为对照；Ⅴ.返青期磷 22.5kg+尿素 12kg；Ⅵ.磷 22.5kg+尿素 8kg；Ⅶ.磷 22.5kg+尿素 4kg；Ⅷ.磷 22.5kg+尿素空白；Ⅸ.磷15kg+尿素 12kg；Ⅹ.磷 15kg+尿素 8kg；Ⅺ.磷 15kg +尿素 4kg；Ⅻ.磷 15kg+尿素空白；ⅩⅢ.磷 7.5kg+尿素 12kg；ⅩⅣ.磷 7.5kg+尿素 6kg；ⅩⅤ.磷 7.5kg+尿素 4kg；ⅩⅥ.磷 7.5kg+尿素空白。同时设裂区排列，在上述磷肥不变的情况下，尿素分别以 6kg、4kg 、2kg 和空白再排列 16 个处理，总计 32 个处理，3 次重复，共计 126 个小区，小区面积 6.67m×4m = 26.67m²，亩播种量为 12.93kg 肥麦。

（3）试验结果　①基施三料过磷酸钙 7.5kg 基础上，冬小麦返青后 25 天追施尿素 8kg 亩产 462.22kg；磷肥 15kg 基施返青后 25 天追施尿素 8kg 亩产居第二位 459.72kg；磷肥在 22.5kg 基础上，尿素追施与不追施，肥麦亩产都在 435kg

（表42）。

表42　三料过磷酸钙与尿素不同比例配合试验

尿素(kg)＼磷肥(kg) 亩产量(kg)	无三料过磷酸钙	7. 5kg 三料过磷酸钙	15kg 三料过磷酸钙	22. 5kg 三料过磷酸钙
无尿素	346. 72	391. 65	380. 81	439. 19
4kg 尿素	412. 47	405. 47	435. 25	438. 37
8kg 尿素	395. 5	462. 22	459. 72	444. 72
12kg 尿素	392. 44	379	400. 03	436. 95

注：返青后25 天追尿素（分蘖期）

在三料过磷酸钙22.5kg 作基肥，2.25kg 尿素作种肥的基础上，在冬小麦拔节初期追施尿素 4kg，亩产量达 454.15kg 最高，第二是在该期追施尿素 6kg 的亩产 447.87kg（表43）。

表43　冬小麦起身期（开始拔节）磷肥与尿素配合比例试验

尿素(kg)＼磷肥(kg) 亩产量(kg)	0（斤）三料过磷酸钙	7. 5kg 三料过磷酸钙	15kg 三料过磷酸钙	22. 5kg 三料过磷酸钙
无尿素	377. 125	396. 75	433. 84	428. 87
2kg 尿素	366. 31	416. 81	423. 91	428. 28
4kg 尿素	390. 47	419. 4	390. 47	454. 15
6kg 尿素	413. 22	412. 845	427. 59	447. 87

注：2.25kg 尿素做种肥条件下，试验数据来自1980 年氮磷化肥配合施用试验总结（常继慧）

（4）试验小结　在达孜县章多公社土壤严重缺磷的条件下，施磷肥大幅度增产，亩施 22.19kg 磷肥冬小麦亩产 429.79kg 小麦，1kg 磷肥增产 2.39kg 小麦，亩施 7.4kg 磷肥亩产 409.58kg 小麦，1kg 磷肥增产 3.08kg 小麦，在磷肥不足，价格又高，农民在经济不富裕条件下，适当控制磷肥用量，既经济又能扩大面积获得整体效益。

中量的磷肥基施和中量的氮肥分蘖期追施，肥效最佳，为今后合理施用氮磷肥提供适宜结合点。

3.2.6　1979 年冬小麦氮素追肥时期试验初级

1979 年，自治区农科所卢耀曾、白剑文、巴桑、钟家英、魏素琼在本所对冬小麦不同生育期对氮素的要求和量进行试验。

（1）试验基本情况 试验地中等肥力，土壤质地砂壤土，试前为休闲地，10月10日，施羊粪500kg/亩，耕翻人工开沟播种，试验地在播种前、拔节期、收获后3次取土样化验，养分变幅较大。试验设2个施肥量，5个追肥时期，共计10个处理（表44）。磷肥三料过磷酸钙20kg/亩，氯化钾5kg/亩在播种时基施、尿素追施，小区面积15m²，4次重复，随机排列。冬小麦品种为肥麦，整个生育期浇水10次、松土3次、耕地3次，1979年3月3日追返青肥，4月9日追分蘖肥，5月8日追拔节肥，6月7日追孕穗肥，8月24日成熟收割。

（2）试验结果 以孕穗期追肥为对照，2个施肥量平均，播种时施肥增产23.3%，分蘖期施肥增产36.1%，拔节期施增产45.9%，返青期施增产48.1%，均增产在20%以上。其中，返青期追施氮肥效果最好，增产174.64kg，增产48.1%，其次是拔节期增产冬麦166.75kg，增产45.9%（表44）。

表44 在有机肥与磷钾肥基础上尿素不同时期施肥结果

编号	处理内容		亩产量（kg）	处理平均亩产量（kg）	增产（kg）	增产（%）
	基施	追施尿素 kg				
1	羊粪500kg 三料过磷20kg 氯化钾5kg	播种10	444.45	447.67	84.485	23.3
2	羊粪500kg 三料过磷24kg 氯化钾5kg	播种20	450.89			
3	羊粪500kg 三料过磷20kg 氯化钾5kg	返青10	532.26	537.825	174.64	48.1
4	羊粪500kg 三料过磷24kg 氯化钾5kg	返青20	543.38			
5	羊粪500kg 三料过磷20kg 氯化钾5kg	分蘖10	472.68	494.47	132.285	36.1
6	羊粪500kg 三料过磷24kg 氯化钾5kg	分蘖20	516.26			
7	羊粪500kg 三料过磷20kg 氯化钾5kg	拔节10	511.145	529.935	166.75	45.9
8	羊粪500kg 三料过磷24kg 氯化钾5kg	拔节20	548.72			
9	羊粪500kg 三料过磷20kg 氯化钾5kg	孕穗10	366.35	363.185		
10	羊粪500kg 三料过磷24kg 氯化钾5kg	孕穗20	359.51			

各生育期施肥量的产量比较，以20kg尿素产量最高，其中，拔节期的产量是所有试验的最高产。

（3）试验结论 在一般的栽培条件下，对冬小麦追肥应放在拔节开始以前追肥，在返青期追施氮肥增产效果比较明显，但不能否认后期追肥效果。

在适宜生育范围内追肥，氮素增加，产量也随之增加，但重点还应考虑如何经济用肥。

不同生育期追肥产生不同效果表明，在氮素施用上考虑分期适用量，即不同生育期追施不同比例的氮肥。

3.3　20世纪80年代氮磷化肥配合试验

3.3.1　青稞氮磷化肥配合施用试验（1983年）

（1）试验材料　西藏自治区农科所3号地轻质砂壤土、有机质1.71%、全氮0.12%、全磷0.07%、碱解氮9.79mg/100g土、速效磷7mg/kg、速效钾6.65mg/100g土、青稞336、含磷47%的三料过磷酸钙全部做底肥、含氮46%的尿素作追肥。

（2）试验处理　尿素作追肥，在分蘖初期和拔节前分别追2/3和1/3，磷肥作基肥，处理为氮磷1:0、1:0.5、1:0.75、1:1、1:1.5和0:0为对照，高肥区（纯氮10kg）和中肥区（纯氮6.65kg）共计13个处理（表45）。

表45　氮磷化肥配合施用处理

处理 配比	中肥区				高肥区			
	氮素/ kg	尿素/ kg	磷素/ kg	磷肥/ kg	氮素/ kg	尿素/ kg	磷素/ kg	磷肥/ kg
1:0	6.65	14.45			10	21.75		
1:0.5	6.65	14.45	3.325	7.075	10	21.75	5	10.65
1:0.75	6.65	14.45	5	10.65	10	21.75	7.5	15.95
1:1	6.65	14.45	6.65	14.15	10	21.75	10	21.3
1:1.5	6.65	14.45	10	20.75	10	21.75	15	31.9
0:0.5			3.325	7.075			5	10.65
0:0								

（3）试验结果　本试验核心是以氮定磷、氮是中肥和高肥为主及无氮，磷

的变数比较多，设了 6 个量，目的是找出最佳氮磷配合比例，结果如下。

①氮肥的用量：本试验中氮的处理只有 5 个，即对照（无氮无磷）、中肥区单氮 6.65kg、单磷 3.35kg 无氮，高肥区单氮 10kg，单磷 5kg 无氮，无氮无磷区亩产量是 237.1kg。单氮 6.65kg 亩产 337.25kg，比对照增产 100.1kg，单位氮增产青稞 7.5kg，单位尿素增产 6.9kg。单氮 10kg 亩产 343.55kg，比对照增产 106.45kg，单位氮增产 5.3kg，单位尿素增产 4.9kg。随着氮肥用量的增加、总产在上升，而单位氮和单位氮素增产青稞产量在下降。

②磷肥的用量：磷肥处理比较多，在中肥区不同磷肥处理有 6 种，高肥区处理 6 个，对照亩产 237.1kg。在中肥区单施磷肥亩产 278.05kg，每千克磷素增产青稞 83.8kg，每千克磷肥增产青稞 39.3kg。在高肥区单施磷肥亩产 315.2kg，每千克磷素增产青稞 61.52kg，每千克磷肥增产青稞 29.6kg。

随着磷肥施肥量增加，青稞总产在上升，而单位磷素青稞产量在下降。

在中肥区氮磷 1：0.5 的亩产 357kg 比 1：0 的增产 19.75kg，每千克磷素和磷肥分别增产 5.9 和 2.8kg。在中肥区氮磷 1：0.75 的亩产 355.4kg 比 1：0 的增产 18.7kg，每千克磷素和磷肥分别增产 3.7 和 1.8kg。在中肥区氮磷 1：1 的亩产 346.7kg 比 1：0 的增产 9.4kg，每千克磷素和磷肥分别增产 1.4 和 0.7kg。在中肥区氮磷 1：1.5 的亩产 364.75kg 比 1：0 的增产 27.5kg，每千克磷素和磷肥分别增产 2.75 和 1.3kg。在高肥区氮磷 1：0.5 的亩产 380.5kg 比 1：0 的增产 36.95kg，每千克磷素和磷肥分别增产 3.65 和 1.75kg。在高肥区氮磷 1：0.75 的亩产 363.1kg 比 1：0 的增产 24.6kg，每千克磷素和磷肥分别增产 1.64kg 和 0.75kg。在高肥区氮磷 1：1 的亩产 382.85kg 比 1：0 的增产 39.3kg，每千克磷素和磷肥分别增产 1.96 和 0.9kg。在高肥区氮磷 1：1.5 的亩产 376.35kg 比 1：0 的增产 32.75kg，每千克磷素和磷肥分别增产 1.1kg 和 0.5kg。

③氮磷配合用量：从氮磷配合角度看，氮磷相互抵抗亦相互促进，单施的单位养分和肥料的增产量大，相互配合单位养分和肥料增产量相对小得多，但总产提高，在众多的不同比例配合中，以氮磷 1：0.5 的较好，不论在中肥区还是高肥区，相对单位养分和肥料增产要多一些（表 46、表 47）。

表46 氮磷化肥配合施用的增产及单施的增产

项目	处理	1:0	1:0.5	1:0.75	1:1	1:1.5	0:0.5	0:0
中肥区	亩产（kg）	337.25	357	355.45	346.7	364.25	278.5	237.1
	比对照增产（kg）	100.15	119.9	118.85	109.6	127.65	40.75	
	增产（%）	42.2	51.6	50.1	46.2	53.8	17.3	
	每千克养分增产（kg）	7.5	6	5.1	4.12	3.85	4.2	
	每千克肥料增产（kg）	3.45	2.75	2.35	1.9	1.8	2.9	
高肥区	亩产（kg）	343.55	380.5	368.15	382.85	376.3	315.2	237.1
	比对照增产（kg）	106.45	143.4	131.2	145.75	139.2	78.1	
	增产（%）	44.9	60.5	55.3	61.5	58.7	32.9	
	每千克养分增产（kg）	5.3	4.78	3.75	3.65	2.8	7.8	
	每千克肥料增产（kg）	2.45	2.2	1.75	1.7	1.3	3.65	

（4）试验小结　氮磷配合施用，以1:0.5的氮磷比例较为适宜，亩产量和经济效益比较高，10kg左右的磷肥基施，15~20kg的尿素作追肥可使青稞亩产量达350kg以上，不仅总产高，而且化肥的投入少，净收入和利润率都比较高，在中肥区可达8.3元，在高肥区达6.6元。

从试验结果看，在中等或中下等肥力的农田，施氮肥增产效果明显，配施少量磷肥效果更好。当氮肥施肥水平提高后，施磷肥的效果超过再施氮肥。

除对照、单施氮、单施磷，凡是氮磷配合施用增产幅度都在50%以上，说明农田土壤很需要施氮磷肥，施氮磷肥的增产潜力很大。

3.3.2　1984年冬小麦以氮与磷施肥试验

（1）试验材料　羊粪、含氮46%的尿素、含磷47%的三料过磷酸钙，所内3号地，高原潮土，羊粪含有机质2.53%，全氮1.53%，全磷0.19%，碱解氮31.6mg/100g土，速效磷18.3mg/100g土，速效钾17.7mg/100g土，肥麦。

（2）试验处理　Ⅰ.对照（空白）；Ⅱ.氮8kg，无磷；Ⅲ.氮8kg，磷2kg；Ⅳ.氮8kg，磷4kg；Ⅴ.氮8kg，磷8kg；Ⅵ.无氮，磷4kg。磷肥和羊粪作基肥，在播种时一次性施入，氮化肥分3次追施，其中返青期追施30%，拔节初期追施50%，孕穗期追施20%，小区面积0.05亩，4次重复，随机排列。

（3）试验结果　①结果表明，不论施磷与否，1982~1984年3年，凡是施氮肥都大幅增产，氮肥的增产效应远远大于磷肥。其中，1982年增产200kg以

表 47　氮磷配合施用的经济效益比较

项目\产值(kg/元)	对照	中肥区						高肥区					
		1:0	1:0.5	1:0.75	1:1	1:1.5	0:0.5	1:0	1:0.5	1:0.75	1:1	1:1.5	0:0.5
亩产 (kg)	237.1	337.25	357	355.95	346.7	364.75	278.05	348.55	380.5	368.1	382.85	376.3	315.2
增产 (kg)		100.15	119.9	118.85	109.6	127.15	40.95	106.45	143.4	131.05	145.75	139.2	78.1
增收 (元)		64.1	76.74	76.06	70.14	81.70	26.21	68.13	91.78	83.87	93.28	89.09	49.98
化肥投入 (元)		6.65	9.20	10.48	11.75	14.12	2.55	10.01	13.84	15.75	17.68	21.49	3.83
净增收 (元)		57.45	67.54	65.58	58.39	67.58	23.66	58.12	77.94	68.12	75.60	67.60	46.15
利润率		9.64	8.34	7.26	5.97	5.79	10.28	6.81	6.63	5.33	5.28	4.15	13.05

注：1. 当时计价标准是青稞 0.64 元/kg，尿素 0.46 元/kg，三料过磷酸钙 0.36 元/kg

2. 试验人：庞广荣、周正大，摘自《庆祝西藏自治区成立二十周年农牧科研成果论文选集》

上，1984 年增产 265kg 以上，氮磷比例以 1：1 产量最高，3 年分别达 652kg、481kg、633.5kg，分别比对照增产 251kg、241kg、299kg，增产幅度分别为 62.6%、100.4%、89.4%（表48）。

表48　1982～1984 年冬小麦以氮与磷施肥结果

年份	项目 / 处理	对照	N16P0	N16P4	N16P8	N16P16	N0P8
1982 年	亩产量（kg）	401	604	608	609	652	375
	增产（kg）		203	207	208	251	−26
	增产（%）		50.6	51.6	51.9	62.6	−6.5
1983 年	亩产量（kg）	240	434	478	442	481	262
	增产（kg）		194	238	202	241	22
	增产（%）		80.8	99.2	84.2	100.4	9.2
1984 年	亩产量（kg）	334.5	603	606.5	623	633.5	355
	增产（kg）		263.5	272	288.5	299	20.5
	增产（%）		80.3	81.3	86.2	89.4	6.1

注：摘自西藏自治区成立 20 周年农牧科研成果论文选，白剑文、陈新强试验报告

②在同等氮肥水平上，亩施磷肥量以 0～8kg（相当于三料过磷酸钙 17kg），平均增产 41.85kg 小麦，相当于每千克三料过磷酸钙增产 1.25kg 小麦。而在同等磷肥水平上，亩施氮素肥料 8kg（相当于尿素 17.5kg），则平均增产 230.6kg，相当于每千克尿素增产 6.6kg 冬小麦。

（4）试验小结　在西藏现有的生产水平下，保证氮肥供应对冬小麦获高产具有重大意义。

本试验地土壤含速效磷 13～15mg/kg，属半缺指标，施磷效果不明显，这个指标是否适应西藏有待探讨。

在一定氮素水平上，施磷量增加，产量有所增大，而增值不大，从经济效益上看，氮磷比例以 1：0.25 或 0.5 的看好。

3.3.3　1985 年青稞氮化肥不同追肥期的研究

1985 年庞广荣、周正大为了探索中下等田青稞产量能有较大幅度提高，在达孜县章多乡进行了氮肥追肥试验。

（1）试验材料与方法　试验地土壤为灰褐土，有机质 1.66%，碱解氮 153.8mg/kg，全磷 0.056%，速效磷 9.67mg/kg，设每亩尿素 15kg 全作追肥，在不同时期施用，设 11 个处理，1 000kg 圈杂肥在播种前撒施后翻耕入土，追肥在青稞不同生育期前 2 天施入。

（2）试验结果

①分蘖期 5kg 拔节期 10kg 追施的亩产 307.4kg，比对照亩产 143.65kg 增产 163.75kg，增幅 114%；

②分蘖期 15kg 追施亩产 305.85kg，比对照增产 162.2kg，增幅 112.9%；

③分蘖期、拔节期、孕穗期各 5kg 追施亩产 291.35kg，比对照增产 147.7kg，增幅 102.8%；

④分蘖期 5kg、拔节期 10kg 追施亩产 288.75kg，比对照亩产 143.65kg 增产 145.1kg，增幅为 101.8%；

⑤分蘖期 10kg、孕穗期 5kg 追施亩产 266.25kg，比对照增产 122.75kg，增幅为 85.3%；

⑥拔节期 10kg、孕穗期 5kg 追施亩产 253kg，比对照增产 109.35kg，增幅为 76%；

⑦分蘖期 5kg、孕穗期 10kg 追施亩产 247.65kg，比对照增产 104kg，增幅为 72.2%；

⑧拔节期 1 次追施 15kg 亩产 244.55kg，比对照增产 100.9kg，增幅为 70.2%；

⑨拔节期 5kg、孕穗期 10kg 追施亩产 227.95kg，比对照增产 84.3kg；增幅为 58.6%；

⑩孕穗期时一次追施 15kg 亩产 207.45kg，比对照亩产 143.65kg 增产 63.8kg，增幅为 44.4%。

（3）试验结论　①从试验结果看，整个趋势以早追为佳，分蘖时追施促进多分蘖，增加成穗数是提高产量的基础，应前重后轻追施氮肥。②在中、下等田应以增施氮肥为主，氮是获得高产主要因素。

3.3.4　春麦、春青稞氮磷钾比例试验（1985 年）

1985 年，笔者在农牧厅区划办时，与达孜县农牧局曲达局长在德庆乡、城关区蔡公堂乡、白朗县张长海副县长在白朗县试验站进行春麦、春青稞氮磷钾比例试验。

（1）试验材料　春麦藏春6号，春青稞藏青320，含N 46%尿素，含P_2O_2的20%重过磷酸钙，含KO_2 90%的氯化钾，有机肥，河谷耕种草甸土（养分含量见表49）。

表49　1985年达孜、城关区土壤养分状况

地点 \ 项目	有机质（%）	pH 值	全氮（%）	全磷（%）	全钾（%）	速氮（mg/kg）	速磷	速钾	施有机肥（kg）
达孜点	2.66	7.2	0.153	0.077	2.25	108	4	56	500
城关点	2.78	7.3	0.166	0.24	2.57	106	27	129	2 000

（2）试验处理　有机肥羊粪500kg的在耕种时一次性撒施，设Ⅰ.对照（空白）；Ⅱ.氮2.5kg；Ⅲ.磷2.5kg；Ⅳ.钾2.5kg；Ⅴ.氮磷各2.5kg；Ⅵ.氮钾各2.5kg；Ⅶ.磷钾各2.5kg；Ⅷ.氮磷钾各2.5kg；Ⅸ.氮5kg、磷钾各2.5kg；Ⅹ.氮钾各5kg、磷2.5kg；Ⅺ.氮7.5kg、磷2.5kg、钾5kg；Ⅻ.氮钾各7.5kg、磷2.5kg。小区面积0.04亩，3次重复，36个小区化肥在播种时一次性基施。

（3）试验结果　达孜县、城关区、白朗县3地施氮素化肥增产幅度分别为47.7%、33.3%和30.9%。施磷素化肥增28%、10%、17.6%，达孜县施钾化肥增35.5%，其他两点不显著。

氮磷钾配合施用增产效果显著，各种比例增产都在130%以上，以氮磷钾比例2：1：1的利润率最高，3个点分别达6.47元、8.14元、8.92元，比单施氮肥的7.62元、6.48元和6.62元还高（表49、表50）。

（4）试验小结　试验结果表明，达孜县的下等田、速效磷、速效钾含量均在极缺范围，试验施磷、钾化肥增产幅度比城关区、白朗县大得多，说明施肥效果与土壤中速效养分含量丰缺呈反相关，养分越缺越少，增产幅度越大。

氮肥的增产幅度最大，其次是磷肥，再次是钾肥，它们的肥效顺序是氮＞磷＞钾。磷肥和钾肥的肥效是在有氮肥的基础上，才能更好地发挥肥效。

3.3.5　微量元素肥料引进试验

3.3.5.1　初施微肥

1986年，西藏自治区农业局李金朝与种子站郭海军探讨微肥施用效果。

（1）试验材料与方法　作物：春青稞（高原早1号，喜玛拉1号，喜玛拉6

表 50　春青稞氮磷钾三要素施肥试验

处理 编号	N	P	K	达孜县 亩产(kg)	增产(kg)	增产(%)	增收(元)	净增收(元)	净增投入(元)	城关区 亩产(kg)	增产(kg)	增产(%)	增收(元)	净增收(元)	净增投入(元)	白朗县 亩产(kg)	增产(kg)	增产(%)	增收(元)	净增收(元)	净增投入(元)	化肥投入(元)
1				107						150						165						
2	5			153	46	47.7	45.9	39.88	7.62	200	50	33.3	45	38.98	6.48	216	51	30.9	45.9	39.88	6.62	6.02
3		5		137	30	28	27	21.37	3.80	165	15	10	13.5	7.87	1.40	194	29	17.6	26.1	20.47	3.64	5.63
4			5	145	38	35.5	34.2	31.4	11.21	155	5	3.3	4.5	1.70	0.61	160	-5	-3	-4.5	-7.30	-2.61	2.8
5	5	5		162	55	51.4	52.2	40.55	3.48	212.5	62.5	41.7	55.8	44.15	3.79	230	65	39.4	58.5	46.85	4.02	11.65
6	5		5	178	71	66.4	63.9	55.05	6.22	210	60	40	54	45.15	5.10	225	60	36.4	54	45.15	5.10	8.85
7		5	5	119	12	11.2	10.8	2.37	0.28	170	20	13.3	18	9.57	1.14	190	25	15.2	22.5	14.07	1.67	8.43
8	5	5	5	223.7	116.7	109	105	90.55	6.27	290	140	93.3	85.5	71.05	4.92	281	16	10	104	89.55	6.20	14.45
9	10	5	5	277.5	170	158.9	153	132.53	6.47	358	208	139	187	166.53	8.14	390	225	136.4	203	182.53	8.92	20.47
10	10	5	10	262.5	155	144.9	139.5	116.23	4.99	359	209	139.3	188	164.83	7.08	400	235	142.4	212	188.53	8.10	23.27
11	15	5	10	260	153	143	137.7	108.41	3.70	356	206	137.3	180	150.71	5.15	399	229	138.8	211	181.71	6.20	29.29
12	15	5	15	265	158	155	139.5	107.41	3.55	352	202	134.7	182	149.71	4.94	403	238	144.2	264	231.71	7.65	30.29

注: 1. 青稞价 0.90 元/kg, 尿素 1.32 元/kg, 重过磷酸钙 0.92 元/kg, 氮化钾 0.92 元/kg

2. 试验人, 自治区农牧厅区划办关树森, 1985 年 3~9 月号，当地青稞)，当地油菜。肥料：锌肥（硫酸锌）、硼肥（硼砂）、钼肥（钼酸铵）。方法：基施种肥、基肥、苗期喷施（0.05%、0.1%、0.15%）。

（2）试验结果

①锌肥试验结果，不论做种肥还是做基肥都有不同程度的增产，但做基肥在生产上效果更好一些，其增产幅度可达14%～51%，具有明显的效益（表51）。

表51 锌肥试验青稞产量结果

处理\项目	试验地点	作物	平均产量（kg/亩）		增产量（kg/亩）	增产幅度（%）
			对照	施锌		
拌种	莎迦县给汀区	高原早1号	90	91.2	1.2	1.3
	拉萨城关区纳金乡	喜玛拉1号	150.1	166.75	16.65	11.1
基施	莎迦县给汀区	高原早1号	215.9	246.45	30.55	14.2
	拉萨城关区纳金乡	喜玛拉1号	150.1	226.8	76.7	51.1
平均			151.55	182.8	31.25	20.6

②硼肥试验结果：硼肥的施用以喷施的效果较好，做基施的浸种方法对油菜增产幅度较大，青稞用0.15%硼肥溶液喷雾方法，两个点平均增产32.95kg，增幅达15.1%，油菜田0.15%喷雾亩增产11.75kg，增幅达18.25%（表52）。

表52 施用硼肥青稞、油菜产量结果

处理\项目	试验地点	作物	施肥浓度（%）	平均产量（kg/亩）		增产量 kg/亩	增产（%）
				对照	施肥		
浸种	拉萨市农科所	喜玛拉6号青稞	0.1	336.25	338.75	2.5	0.75
	日喀则推广总站	高原早1号青稞	0.1	90	155.6	15.6	17.3
	拉萨市农牧局	喜玛拉1号青稞	0.05	130	100	−30	−23.1
喷雾	拉萨市农科所	喜玛拉6号青稞	0.15	336.25	378.75	42.5	12.64
	拉萨市农牧局	当地油菜		100	123.4	23.4	23.4
平均				198.5	209.3	10.8	5.44
浸种喷雾	拉萨市农科所	当地油菜	0.1	64.4	65.75	1.35	2.1
			0.15	64.4	76.15	11.7	18.25
平均				64.4	70.95	6.55	10.17

③钼肥试验结果：钼肥在青稞上不论做种肥或基肥都没有增产效果，甚至减产。

（3）微肥试验结论　西藏引进的 3 种微量元素肥料中，锌肥效果较好，其次是硼肥，钼肥在青稞上施用减产，在农业生产中施用锌肥投入较少，增产收益较大，是增产增收的有效措施之一，应有计划地推广。

3.3.5.2　1987 ~ 1988 年 2 次施用微肥试验

1987 年，自治区农科所农作制度栽培室扎布桑、康新义对青稞、小麦进行不同施用量和方法试验。

（1）试验材料与方法　试验地点为西藏区农科所 4 号地，供试作物藏青 320 青稞，藏春 6 号春小麦，肥料为稀土，羊粪每亩 500kg，小区面积 3m × 5.15m = 15.45m^2。4 月 18 日播种，施肥处理分为拌种和叶面喷雾两种，喷雾期为分蘖、拔节期，用量为 15g/亩、30g/亩、45g/亩、60g/亩，不施稀土为对照，1987 年 10 个处理，1988 年 13 个处理，3 次重复，随机排列，正常田间管理。

（2）试验结果　藏青 320 青稞在两年的 21 个处理中，有 20 个处理均比对照有不同程度的增产，1987 年增产幅度较大，为 5.5% ~ 22.8%，1988 年为 1.6% ~ 21%。其中，1987 年除拔节期喷雾的低于 10% 外，其拌种、分蘖喷的 8 个处理均增产 15% 以上，1988 年也是这个趋势。在量上是以 30 ~ 40g 一致表观增产大，在作物上是以青稞增产幅度大，在 15% 以上，个别达 22.8%（表 53）。

（3）试验结论　稀土对青稞增产作用较大，从投资和增产折算经济效益（利润率）比施尿素合算，可以大面积推广拌种和在分蘖时喷雾 34 ~ 45g 对小麦增产幅度较小。

3.4　20 世纪 90 年代提高化肥利用率试验

20 世纪 80 年代西藏化肥施用的面积有较大的增加，其施用的数量也由 60 ~ 70 年代的几千克上升到几十千克，随着施用化肥量的增加和面积的扩大，化肥的增产效果有降低的趋势。因此，1985 年、1990 ~ 1998 年，笔者有针对性地开展提高化肥利用率方面的试验和研究。

在收集前人和其他零星试验的基础上，进行了化肥最佳施用期、最佳施用方法、最佳氮磷钾比例、最佳施肥深度、最佳施肥量、最高产施肥量、最大利润施肥量等 7 个方面的试验设计和处理（略），其结果（见表 54 ~ 表 61）。

表53　稀土不同量、不同方法、不同时期施用对青稞、小麦产量的影响

年份	品种	产量	拌种				分蘖期叶面喷雾				拔节期叶面喷雾				对照
		施肥产量(g)	15	30	45	60	15	30	45	60	15	30	45	60	
1987年	藏青320	亩产(kg)		391.1	380	382.2		373.35	380	395.5		340	346.65	348.9	322.2
		增(%)		21.4	17.8	18.6		18.8	17.9	22.8		5.6	7.6	8.3	
1988年		亩产(kg)	210.4	248.3	213.1	217.8	217.1	220.3	239.35	218	234.95	207.85	202.6	219.4	204.6
		增(%)	2.8	21.4	4.2	6.5	1.3	7.7	17	6.5	14.3	1.6	−0.098	7.2	
1988年	藏春6号	亩产(kg)	223.4	216.7	224	218	204.1	207.25	215.5	145.1	212.8	209.55	156	203.8	202
		增(%)	10.6	7.3	10.9	9.7	1.3	10	6.7	−3.4	5.3	3.7	−5.9	0.9	

表 54　林周县冬小麦氮磷钾各 5kg 最佳时期施肥试验结果

处理＼项目	亩产量（kg）					增产（kg）	粮/肥比（%）	增收（元）	投入金额（元）	净增收（元）	净增/投入（元/元）
	林周县			乃东县	平均						
	1993年	1994年	1995年	1996年							
不施化肥	204	215	330	250	249.8						
播种时施	335	303	424	316	344.5	94.7	6.3	159.1	45.10	114.0	2.53
分蘖时施	351	343	474	341	377.3	127.5	8.5	214.2	45.10	169.1	3.75
拔节时施	318	298	417	335	342	92.2	6.1	154.9	45.10	109.8	2.43
孕穗时施	291	270	380	300	310.3	60.5	4	101.6	45.10	56.5	1.25

注：小麦 1.68 元/kg，尿素 1.32 元/kg，重过磷酸钙 0.92 元/kg，氯化钾 0.9 元/kg，总计化肥投入金额为 45.1 元

表 55　1985 年春小麦氮磷钾各 5kg 最佳时期施肥试验结果

处理＼项目	亩产量（kg）				增产（kg）	粮/肥比（%）	增收（元）	投入金额（元）	净增收（元）	净增/投入（元/元）
	达孜县	城关区	日喀则	平均						
不施化肥	107	150	165	140.7						
播种时施	223	245	281	249.7	109	7.3	83.0	45.10	138	3.06
分蘖时施	180	198	220	199.3	58.6	3.9	98.50	45.10	53.4	1.18
拔节时施	140	186	205	177	36.3	2.4	60.98	45.10	15.88	0.35
孕穗时施	124	171	183	159.3	18.6	1.24	31.30	45.10	-13.80	-1.30

表 56　1990 年农科所春小麦氮磷钾各 5kg 最佳时期施肥试验结果

处理＼项目	亩产量（kg）				增产（kg）	粮/肥比（%）	增收（元）	投入金额（元）	净增收（元）	净增/投入（元/元）
	4号地	6号地	7号地	平均						
不施化肥	148	84.5	52.2	94.9						
播种时施	222	185.8	93	166.9	72	4.8	121	45.10	75.92	1.68
分蘖时施	196	124	82.8	134.3	39.4	2.6	66.14	45.10	21.04	0.47
拔节时施	185	115	73.9	124.6	29.7	1.98	49.95	45.10	4.85	0.10
孕穗时施	169	99	68.2	112.1	17.2	1.15	28.9	45.10	-16.2	-0.36

表57　1997 年乃东县春小麦氮磷钾各 5kg 最佳时期施肥试验结果

处理＼项目	亩产量（kg）	增产（kg）	粮/肥比（%）	增收（元）	投入（元）	净增收（元）	净增/投入（元/元）
不施化肥	266.9						
播种时施	305.4	38.5	2.57	64.68	45.10	19.58	0.43
分蘖时施	342.6	75.7	5.05	127.18	45.10	82.08	1.82
拔节时施	294.1	27.2	1.81	45.70	45.10	0.6	0.013
孕穗时施	300	33.1	2.2	55.6	45.10	10.50	0.23

表58　1991 年自治区农科所春小麦氮磷钾各 5kg 最佳时期施肥试验结果

处理＼项目	亩产量（kg）				增产（kg）	粮/肥比（%）	增收（元）	投入金额（元）	净增收（元）	净增/投入（元/元）
	4号地	6号地	7号地	平均						
不施化肥	207	83	88	126						
播种时施	322.7	260.5	190.8	258	132	8.8	221.76	45.10	176.66	3.92
分蘖时施	293	194	180	222.3	96.3	6.4	161.84	45.10	116.74	2.59
拔节时施	285	194.5	171	216.8	90.8	6.0	152.60	45.10	107.50	2.38
孕穗时施	224	134	159	172.3	46.3	3.10	77.78	45.10	32.68	0.72

表59　1992 年春青稞氮磷钾各 5kg 最佳时期施肥试验结果

处理＼项目	亩产量（kg）				增产（kg）	粮/肥比（%）	增收（元）	投入金额（元）	净增收（元）	净增/投入（元/元）
	4号地	6号地	7号地	平均						
不施化肥	62	71	115	82.7						
播种时施	193.3	198	196.7	196	113.3	7.6	190.34	45.1	145.24	3.22
分蘖时施	145	166	144	151.7	69	4.6	115.86	45.1	70.76	1.57
拔节时施	143	130	138	137	54.3	3.6	91.22	45.1	46.12	1.02
孕穗时施	105	109	129	114.3	31.6	2..1	53.14	45.1	8.04	0.18

表60　1997 年札囊县春青稞氮磷钾各 5kg 最佳时期施肥试验结果

处理＼项目	亩产量（kg）	增产（kg）	粮/肥比（%）	增收（元）	投入（元）	净增收（元）	净增/投入（元/元）
不施化肥	285						
播种时施	343	58	3.87	97.44	45.10	52.34	1.16

（续表）

项目处理	亩产量（kg）	增产（kg）	粮/肥比（%）	增收（元）	投入（元）	净增收（元）	净增/投入（元/元）
分蘖时施	313	28	1.87	47.04	45.10	1.94	0.04
拔节时施	318	33	2.2	55.44	45.10	10.34	0.23
孕穗时施	253	−32	−2.1	−53.76	45.10	−86.60	−1.92

表61 油菜氮磷钾各5kg最佳时期施肥试验结果

项目处理	亩产量（kg）			增产（kg）	粮/肥比（%）	增收（元）	投入金额（元）	净增收（元）	净增/投入（元/元）
	1997年札囊县	1998年贡嘎县	平均						
不施化肥	68.8	147.8	108.3						
播种时施	207	260	233.5	125.2	8.3	450.12	45.10	405.62	8.99
分蘖时施	186	250	218	109.7	7.3	394.2	45.10	349.82	7.76
拔节时施	168	201	184.5	76.2	5.08	274.32	45.10	229.22	5.08
孕穗时施	142	188.9	165.5	57.2	3.8	205.74	45.10	160.64	3.56

注：油菜时价格为3.6元/kg

3.4.1 最佳时期施化肥试验

通过冬小麦、春小麦、春青稞、油菜四大作物，经过1985～1997年多年不同地点的试验，秋播作物与春播作物最佳施肥时间不同，不同时期施肥直接影响增产、增收、净收益及化肥施用的经济效益（利润率），从而影响农民经济收入。

（1）1994～1997年 在乃东县和林周县进行的冬小麦氮磷钾各5kg的最佳施肥时期筛选试验，以在分蘖时期施肥，亩增产幅度最大，每千克养分增产小麦最多，净增收最高，利润率最好。依次是播种时基施，说明秋播作物在春天分蘖时，施肥最佳；第二是播种时施，由此可以确定化肥在秋播作物施用比例应以基施30%，在分蘖时施70%为佳。

（2）1985年 在达孜县、城关区、日喀则，1990年、1991年自治区农科所4号地、6号地、7号地进行的春小麦氮磷钾各5kg最佳施肥时期筛选试验，是播种时把氮磷钾化肥施入土里的亩产最高，每千克养分增产量最多，增收、净增收最多，利润率也最好；1985年在达孜县、城关区、日喀则，1992年在自治农科所4号地、6号地、7号地，1997年在札囊县进行的春青稞氮磷钾各5kg的最佳施肥时期筛选试验也是播种时期氮磷钾化肥施入土中的增产最多，增收和净增收最好，利润率最高；1997～1998年在札囊县、贡嘎县进行的油菜氮磷钾各5kg的最佳施肥时期筛选试验，还是在播种时氮磷钾化肥施到土中的处理增产、增收、净增收最多，单位化肥投入净增收的比值最大，也就是利润率最高。从以上春小麦、春青稞、春油菜3个春播作物氮磷钾各5kg最佳施肥时期筛选试验结果看，都是在播种时，把化肥施入土中的增产、增收最多，每投入一元钱化肥所净增收回的利润最大，说明春播作物生育期比较集中连续，施肥以一炮轰的方式最好，能满足春播作物连续不断的需求。

秋播作物因经过漫长的冬季，不仅作物暂停生长，而且作物生长的前期需肥较少，如果一次性施肥，在冬季春季是要灌两次水，土壤在漫长过程中固定部分养分和灌水淋失一部分养分，加上作物生长前期吸肥能力差，需肥少，所以养分利用率不高，而损失率大，致使冬小麦的亩产量不如春季分蘖时施肥产量高，因此秋播作物不宜搞一炮轰施肥。

3.4.2 最佳施肥方法和最佳施肥深度试验

施肥方法试验，设Ⅰ.对照（不施化肥）；Ⅱ.氮磷钾各5kg，在播种时施在土中（10cm）；Ⅲ.在分蘖时撒施在表土（0cm）后灌水；Ⅳ.在分蘖时用马拉播种机追施（5cm）后灌水；Ⅴ.在分蘖时撒施到地表随后松土（3cm），除草半日后灌水；Ⅵ.磷钾肥在播种时施到土中，氮在拔节时撒施到地面也就是磷钾施到10cm氮（0cm）后灌水（表62～表66）。

表62 冬小麦氮磷钾各5kg不同施肥方法（不同施肥深度）试验结果

处理 项目	亩产量（kg）						增产（kg）	粮/肥比（%）	增收（元）	投入金额（元）	净增收（元）	净增/投入（元/元）
	林周县			乃东县		平均						
	1993年	1994年	1995年	1996年	1997年							
不施化肥	204	215	330	250	266	253						
播种时施10cm	351	343	470	316	305	357	104	6.9	174.72	45.10	129.62	2.87
分蘖时表施0cm	296	284	384	264	273	300	47	3.1	79.30	45.10	34.2	0.76
分蘖时播种机施5cm	355	354	484	341	313	369	116	7.76	195.55	45.10	150.4	3.34
分蘖时撒后松土3cm	367	359	489	362	350	385	132	8.8	222.43	45.10	177.33	3.93
磷钾基施10cm 氮拔节表施0cm	336	299	419	275	302	326	73	4.9	122.98	45.10	77.88	1.73

注：小麦1.68元/kg，尿素1.32元/kg，重过磷酸钙0.92元/kg，氯化钾0.92元/kg，化肥总投入45.10元

表63　1990年春小麦氮磷钾各5kg不同施肥方法
（不同施肥深度）试验结果

处理　　　　　项目	亩产量（kg）				增产（kg）	粮/肥比（%）	增收（元）	投入金额（元）	净增收（元）	净增/投入（元/元）
	4号地	6号地	7号地	平均						
不施化肥	148	84	53	95						
播种时施10cm	222	186	93	167	72	4.8	120.96	45.10	75.86	1.68
分蘖时施0cm	159	95	66	106.7	11.7	0.78	15.6	45.10	−25.50	−0.57
分蘖时播种机施5cm	226	194	93	171	76	5	127.68	45.10	82.58	1.83
分蘖时撒后松土3cm	238	201	96	178.3	83.3	5.6	140	45.10	94.90	2.1
磷钾基施10cm氮拔节表施0cm	190	127	80	132.3	37.3	2.5	62.20	45.10	17.62	0.39

表64　1991年春小麦氮磷钾各5kg不同施肥方法
（不同施肥深度）试验结果

处理　　　　　项目	亩产量（kg）				增产（kg）	粮/肥比（%）	增收（元）	投入金额（元）	净增收（元）	净增/投入（元/元）
	4号地	6号地	7号地	平均						
不施化肥	207	84	88	126						
播种时施10cm	323	260	190	258	132	8.8	221.20	45.10	176.10	3.90
分蘖时表施0cm	228	125	111	155	28	1.9	48.20	45.10	3.06	0.07
分蘖时播种机施5cm	323	266	199	263	137	9.1	229.60	45.10	184.50	4.09
分蘖时撒后松土3cm	340	278	205	274	148	9.9	249.20	45.10	204.10	4.53
磷钾基施10cm氮拔节表施0cm	295	205	182	227	101	6.8	170.24	45.10	125.14	2.17

表65　春青稞氮磷钾各5kg不同施肥方法（深度）施肥试验结果

处理　　　　项目	亩产量（kg）					增产（kg）	粮/肥比（%）	增收（元）	投入金额（元）	净增收（元）	净增/投入（元/元）
	1992年自治区农科所			1997年乃东县	平均						
	4号地	6号地	7号地								
不施化肥	62	71	115	285	133						
播种时施10cm	193	198	197	313	225	92	6.1	154.56	45.10	109.46	2.43
分蘖时表施0cm	84	97	129	304	153.5	20.5	1.4	34.44	45.10	−10.66	−0.24

（续表）

处理＼项目	亩产量（kg）					增产（kg）	粮/肥比（%）	增收（元）	投入金额（元）	净增收（元）	净增/投入（元/元）
	1992年自治区农科所			1997年乃东县	平均						
	4号地	6号地	7号地								
分蘖时播种机施5cm	205	206	204	328	236	103	6.9	172.62	45.10	127.52	2.83
分蘖时撒后松土3cm	208	212	213	346	245	112	7.5	187.74	45.10	142.64	3.16
磷钾基施10cm氮拔节表施0cm	149	161	156	315	195	62	4.2	104.58	45.10	59.48	1.32

表66 油菜氮磷钾各5kg不同施肥方法（深度）施肥试验结果

处理＼项目	亩产量（kg）			增产（kg）	粮/肥比（%）	增收（元）	投入金额（元）	净增收（元）	净增/投入（元/元）
	1997年扎朗县	1998年贡嘎县	平均						
不施化肥	150	148	149						
播种时施10cm	213	201	207	58	3.9	208.8	45.10	163.70	3.63
分蘖时表施0cm	191	187	189	40	2.7	144	45.10	99.90	2.19
分蘖时播种机施5cm	229	250	240	91	6	325.80	45.10	280.70	6.22
分蘖时撒后松土3cm	236	263	249.5	100.5	6.7	361.80	45.10	316.70	7.02
磷钾基施10cm氮拔节表施0cm	184	195	189.5	40.5	2.7	145.80	45.10	100.70	2.23

施肥方法（深度）试验结论如下：相同数量、相同质量、相同品种的化肥组合，相同的化肥投资不同施肥方法（深度），亩产量，每千克养分增产量、亩增收、亩净增收，利润率相差比较大，说明施肥方法是否恰当的施肥位置直接影响施肥效益，而科学的施肥方法要比传统的施肥方法增效几倍。

①从冬小麦、春小麦、春青稞、春油菜4大作物施肥结果看，把化肥施到耕作层3cm效果最好，应采用在分蘖时把化肥撒在田面，然后进行松土或除草，半日后灌水，即把化肥施到最佳深度，又中耕除草，把草晒死，这样施肥、除草（松土）、灌水三结合办法比较科学，用播种机施到5cm的效果也不错。

②化肥基施，施到10cm处效果也可以，比较集中，省时省事，肥效次于施肥后松土的3~5cm，经济效益排在第三位。

③人们最习惯的最普遍的在作物10~20cm高时，把化肥撒到田面后灌水或

者先灌满水，再撒化肥的方法，化肥在地表0cm肥效最低，甚至出现负增收，浪费比较严重，而且易造成养分流失，化肥污染环境。

3.4.3 氮磷钾化肥的肥效定性试验

肥效定性试验，设Ⅰ.不施肥；Ⅱ.在播种时先把化肥撒到田面，浅耕10~15cm基施氮素5kg；Ⅲ.基施磷素5kg；Ⅳ.基施钾素5kg；Ⅴ.基施氮磷各5kg；Ⅵ.基施氮钾各5kg；Ⅶ.基施磷钾各5kg；Ⅷ.基施氮磷钾各5kg，播种机播种等8个处理，试验结果见表67~表71。

表67　冬小麦氮磷钾肥效定性试验结果

处理 \ 项目	亩产量/(kg)						增产 (kg)	粮/肥比 (%)	增收 (元)	投入金额 (元)	净增收 (元)	净增/投入 (元/元)
	林周县			乃东县		平均						
	1993年	1994年	1995年	1996年	1997年							
不施化肥	204	215	330	250	266	253						
施氮肥	315	305	425	300	353	340	86.6	17.3	145.49	14.40	131.09	9.10
施磷肥	300	281	400	262	331	315	62	12.4	103.82	23.00	80.82	3.51
施钾肥	300	273	360	265	338	307	54	10.8	91.06	7.70	83.36	10.83
施氮磷肥	327	338	450	319	344	356	103	10.3	172.37	37.40	134.97	3.61
施氮钾肥	318	210	440	321	310	340	87	8.7	146.16	22.00	124.6	5.61
施磷钾肥	296	288	387	253	278	300	47	4.7	79.63	30.70	48.93	1.59
施氮磷钾肥	351	343	470	316	305	357	104	6.9	174.72	45.10	129.62	2.87

注：氮素5kg折合46%的尿素10.9kg，1.32元/kg，折钱14.40元，磷素折合20%重过磷酸钙25kg，每千克0.92元，折钱是23元，钾素折氯化钾60%的要8.3.kg，每千克0.92元折钱7.7元，青稞、小麦1.68元/kg

表68　1990年春小麦氮磷钾肥效定性试验结果

处理 \ 项目	亩产量（kg）				增产 (kg)	粮/肥比 (%)	增收 (元)	投入金额 (元)	净增收 (元)	净增/投入 (元/元)
	4号地	6号地	7号地	平均						
不施化肥	148	85	53	95.3						
施氮肥	191	147	80	139.3	44	8.8	73.92	14.40	59.52	4.13
施磷肥	176	106	66	116	20.7	4.14	34.78	23.00	11.78	0.51
施钾肥	158	107	57	107.3	12	2.4	20.22	7.70	12.52	1.63
施氮磷肥	198	160	90	149.3	54	5.4	90.78	37.40	53.38	1.43
施氮钾肥	204	149	74	142.3	47	4.7	79.02	22.10	56.92	2.58
施磷钾肥	170	91	59	106.7	11.37	1.14	19.10	30.70	-11.6	-0.38
施氮磷钾肥	222	186	93	167	71.7	4.8	120.46	45.10	75.36	1.67

表 69　1991 年春小麦氮磷钾肥效定性试验结果

处理	项目 亩产量（kg）				增产 (kg)	粮/肥比 (%)	增收 (元)	投入金额 (元)	净增收 (元)	净增/投入 (元/元)
	4 号地	6 号地	7 号地	平均						
不施化肥	207	84	88	126.3						
施氮肥	288	249	161	232.7	106.4	21.3	178.7	14.40	164.30	11.41
施磷肥	235	187	92	172	45.7	9.14	76.78	23.00	53.78	2.34
施钾肥	246	226	92	188	61.7	12.34	103.66	7.70	95.96	12.46
施氮磷肥	297	189	169	218.3	92	9.2	154.62	37.40	117.22	3.13
施氮钾肥	306	238	139	227.7	101.4	10.14	170.30	22.10	148.20	6.71
施磷钾肥	256	250	98	201.3	75	7.5	126.06	30.70	95.36	3.11
施氮磷钾肥	323	261	191	258.3	132	8.8	221.76	45.10	176.66	3.92

表 70　1992 年春青稞氮磷钾肥效定性试验结果

处理	项目 亩产量（kg）					增产 (kg)	粮/养分	增收 (元)	投肥 (元)	净增收 (元)	净增/投肥 (元/元)
	1992 年自治区农科所			1997 年乃东县	平均						
	4 号地	6 号地	7 号地								
不施化肥	62	71	115	285	118						
施氮肥	134	142	175	328	195	77	15.4	129.36	14.40	114.96	7.98
施磷肥	115	97	114	269	148.8	31	6.15	51.66	23.00	28.66	1.25
施钾肥	119	93	89	317	154.5	36.5	7.3	61.32	7.70	53.62	6.96
施氮磷肥	187	190	186	321	221	103	10.3	173.04	37.40	135.64	3.63
施氮钾肥	181	191	170	340	221	103	10.3	173.04	22.10	150.94	6.83
施磷钾肥	105	114	128	258	151	33	3.3	55.86	30.70	25.16	0.82
施氮磷钾肥	193	198	197	313	225	107	7.15	180.2	45.10	135.08	3

表 71　油菜氮磷钾化肥肥效定性试验结果

处理	项目 亩产量（kg）			增产 (kg)	粮/养分	增收 (元)	投肥 (元)	净增收 (元)	净增/投肥 (元/元)
	1997 年札囊县	1998 年贡嘎县	平均						
不施化肥	69	148	109						
施氮肥	87	250	169	60	12	216	14.40	201.6	14
施磷肥	79	163	121	12	2.4	43.2	23.00	20.2	0.88
施钾肥	64	178	121	12	2.4	43.2	7.70	35.5	4.61
施氮磷肥	164	163	163.5	54.5	5.45	196.2	37.40	158.8	4.25
施氮钾肥	145	228	186.5	77.5	7.75	279	22.10	256.9	11.62
施磷钾肥	137	173	155	46	4.6	165.6	30.20	134.9	4.39
施氮磷钾肥	168	201	184.5	75.5	5	271.8	45.10	226.7	5.03

注：油菜籽 3.6 元/kg

氮磷钾素肥效定性试验结论为：在冬小麦、春小麦、春青稞、春油菜等主要作物的氮、磷、钾化肥的肥效定性试验中，仍然是氮素化肥增产的幅度大，其次是磷素化肥，再后是钾素化肥，与以往不同的是磷素、钾素化肥之间的肥效差异比以前大幅度缩小，并有施钾肥的肥效超过施磷肥的趋势，施氮素化肥不仅增产、增收、净增收高，单位养分增产粮油多，而且利润率也是最高，相对施磷素化肥虽然增产、增收，但净增收比较少，而且利润率很低，因为磷素化肥的价格高又增产的相对少。钾化肥因价格低，利润率比较高，如果氮与磷或氮与钾相配合施，增产、增收、净增收，利润率是以氮钾配合效果比较好，磷钾配合效果最不好。氮磷钾三元素配合施，增产、增收最多，而利润率不高，在经济比较富裕的地方，提高粮油总产、单产应注重氮磷钾配合施用。在农民经济条件比较差的地方应注重利润率，以较小的投入在氮素化肥上，获取最大利润率，也就是说投资1元钱，能收回10倍的利润，首选科学地施用氮素化肥，适当地配合少量的磷素或钾素化肥，以获得最大收益。

3.4.4 氮磷钾适宜比例施肥试验

该试验设6个处理：Ⅰ. 不施化肥；Ⅱ. 氮、磷、钾3种营养元素各5kg，即1：1：1比例；Ⅲ. 氮10kg，磷素5kg，钾素5kg，即2：1：1比例；Ⅳ. 氮素10kg 磷素5kg 钾素10kg，即2：1：2比例；Ⅴ. 氮素15kg 磷素5kg 钾素10kg，即3：1：2比例；Ⅵ. 氮素15kg 磷素5kg 钾素15kg，即3：1：3比例；均在播种时基施到田内10cm处，作物为冬小麦、春小麦、春青稞、春油菜4大作物，正常农田管理（表72～表76）。

表72　冬小麦氮磷钾比例施肥试验结果

处理	项目	亩产量（kg）						增产（kg）	粮/肥比（%）	增收（元）	投入金额（元）	净增收（元）	净增/投入（元/元）
		林周县			乃东县		平均						
		1993年	1994年	1995年	1996年	1997年							
不施化肥		204	215	330	250	267	253						
氮磷钾1：1：1		351	343	495	316	305	362	109	5.45	183.12	45.10	93.82	2.08
氮磷钾2：1：1		388	499	660	347	352	449.2	196.2	9.8	329.62	59.50	270.12	4.54
氮磷钾2：1：2		425	500	670	363	333	458	205.2	8.2	344.74	67.20	277.54	4.13
氮磷钾3：1：2		432	505	677	368	247	446	193	6.4	323.90	81.60	242.30	2.97
氮磷钾3：1：3		438	507	679	364	235	445	191.6	5.5	321.90	89.30	232.59	2.60

注：氮素5kg折钱14.40元，磷素5kg折钱23元，钾素5kg折钱7.7元，小麦1.68元/kg，青稞1.68元/kg，油菜3.6元/kg

表 73　1990 年春小麦氮磷钾比例施肥试验结果

处理 \ 项目	亩产量（kg）				增产（kg）	粮/肥比（%）	增收（元）	投入金额（元）	净增收（元）	净增/投入（元/元）
	4 号地	6 号地	7 号地	平均						
不施化肥	148	85	53	95.0						
氮磷钾 1：1：1	222	186	98	169	74	4.9	123.76	45.10	78.66	1.74
氮磷钾 2：1：1	280	220	125	208	113	5.7	190.40	59.50	130.90	2.20
氮磷钾 2：1：2	291	223	126	213	118	4.7	198.80	67.20	131.60	1.96
氮磷钾 3：1：2	270	214	128	204	109	3.6	183.10	81.60	101.52	1.24
氮磷钾 3：1：3	281	215	124	207	112	3.2	187.60	89.30	98.30	1.1

表 74　1991 年春小麦氮磷钾比例施肥试验结果

处理 \ 项目	亩产量（kg）				增产（kg）	粮/肥比（%）	增收（元）	投入金额（元）	净增收（元）	净增/投入（元/元）
	4 号地	6 号地	7 号地	平均						
不施化肥	207	84	88	126						
氮磷钾 1：1：1	323	261	191	258	132	8.8	222.32	45.10	177.22	3.93
氮磷钾 2：1：1	365	301	249	305	175	9.0	300.72	59.50	241.22	4.05
氮磷钾 2：1：2	371	314	253	313	187	7.5	313.60	67.20	246.40	3.67
氮磷钾 3：1：2	373	316	260	316	190	6.3	319.80	81.60	238.16	2.92
氮磷钾 3：1：3	370	310	261	314	188	5.4	315.28	89.30	226.00	2.53

表 75　1992 年春青稞氮磷钾比例施肥试验结果

处理 \ 项目	亩产量（kg）					增产（kg）	粮/养分	增收（元）	投肥（元）	净增收（元）	净增/投入（元/元）
	1992 年自治区农科所			1997 年乃东县	平均						
	4 号地	6 号地	7 号地								
不施化肥	62	71	115	285	133						
氮磷钾 1：1：1	193	198	197	313	225	92	6.2	154.98	45.10	109.88	2.44
氮磷钾 2：1：1	244	238	249	320	263	130	6.5	217.98	59.50	158.48	2.66
氮磷钾 2：1：2	247	249	253	390	285	152	6.1	254.94	67.20	187.74	2.79
氮磷钾 3：1：2	250	261	269	482	316	183	6.1	306.60	81.60	225.00	2.76
氮磷钾 3：1：3	252	260	271	394	294	161	4.6	270.90	89.30	181.60	2.03

表76　油菜氮磷钾比例试验结果

处理＼项目	亩产量（kg）			增产（kg）	粮/养分	增收（元）	投肥（元）	净增收（元）	净增/投入（元/元）
	1997年札囊县	1998年贡嘎县	平均						
不施化肥	69	148	109						
氮磷钾1:1:1	168	201	185	76	5	271.80	45.10	226.70	5.03
氮磷钾2:1:1	238	218	228	119	6	428.40	59.50	368.90	6.20
氮磷钾2:1:2	224	256	240	131	5	471.60	67.20	404.40	6.02
氮磷钾3:1:2	207	276	242	133	4	477.00	81.60	395.40	4.85
氮磷钾3:1:3	202	260	231	122	3.5	439.20	89.30	349.90	3.92

氮磷钾比例试验结论如下。

①冬小麦在5年2个点的试验，氮磷钾以2:1:2的比例增产、增收、净增收最多，每千克养分增产冬麦和投肥利润率居第二位，2:1:1的比例每千克养分增产小麦和投肥利润率最多，增收、净增收、利润率居第二位。

②春小麦在2年6个点的试验，氮磷钾以2:1:1的比例每千克养分增产小麦最多，利润率最高。

③春青稞在4个点的试验，氮磷钾比例以3:1:2的增产、增收、净增收最多，利润率居第二，其他比例的利用率每千克养分增产青稞量也相差不多。

④油菜的2年2个点试验，氮磷钾比例以3:1:2的增产、增收最多，以2:1:1的每千克养分增产油菜和利润率最高。

3.4.5　氮磷钾化肥最佳计量试验

试验设6个处理：Ⅰ. 不施化肥；Ⅱ. 氮磷钾各5kg量；Ⅲ. 氮磷钾各7.5kg量；Ⅳ. 氮磷钾各10kg量；Ⅴ. 氮磷钾各12.5kg量；Ⅵ. 氮磷钾各15kg量；均在播种时一次基施，然后统一播种，正常（与大田同样）的田间管理。试验结果详见表77～表81（这个设计不合理，各个营养元素应该不同量，仅供参考）。

表 77 冬小麦最佳施肥量试验结果

| 处理 \ 项目 | 亩产量（kg） | | | | | | 增产 (kg) | 粮/养分 | 增收（元） | 投肥（元） | 净增收（元） | 利润率（%） |
| | 林周县 | | | 乃东县 | | 平均 | | | | | | |
	1993年	1994年	1995年	1996年	1997年							
不施化肥	204	215	330	250	267	253						
NPK 各 5kg	351	343	470	316	305	357	104	6.9	174.7	45.10	129.62	2.87
NPK 各 7.5kg	378	469	520	353	351	414	161	7.2	270.82	67.65	203.17	3
NPK 各 10kg	425	514	566	397	330	446	193	6.4	324.92	90.20	234.72	2.6
NPK 各 12.5kg	555	499	600	387	251	458	205	5.5	345.07	112.75	232.32	2.06
NPK 各 15kg	422	496	613	380	243	431	178	3.95	298.70	135.30	163.40	1.21

表 78 1990 年春小麦最佳施肥量试验结果

| 处理 \ 项目 | 亩产量（kg） | | | | 增产 (kg) | 粮/养分 | 增收（元） | 投肥（元） | 净增收（元） | 利润率（%） |
	4 号地	6 号地	7 号地	平均						
不施化肥	148	85	52	95						
NPK 各 5kg	222	186	93	167	72	4.8	120.96	45.10	75.86	1.68
NPK 各 7.5kg	221	210	105	179	84	3.7	141.12	67.65	73.47	1.09
NPK 各 10kg	248	236	114	199	104	3.50	175.28	90.20	85.08	0.94
NPK 各 12.5kg	250	221	119	197	101	2.7	170.80	112.75	58	0.50
NPK 各 15kg	270	217	109	199	104	2.3	174.16	135.30	38.86	0.29

表 79 1991 年春小麦最佳施肥量试验结果

| 处理 \ 项目 | 亩产量（kg） | | | | 增产 (kg) | 粮/养分 | 增收（元） | 投肥（元） | 净增收（元） | 利润率（%） |
	4 号地	6 号地	7 号地	平均						
不施化肥	207	84	88	126						
NPK 各 5kg	323	261	191	258	132	8.8	222.32	45.10	177.22	3.93
NPK 各 7.5kg	381	265	178	275	149	6.6	249.8	67.65	182.51	2.69
NPK 各 10kg	352	283	206	280	154	5.1	258.7	90.20	168.52	1.87
NPK 各 12.5kg	355	287	276	306	180	4.8	302.40	112.75	189.65	1.69
NPK 各 15kg	317	279	192	262.7	136.7	3.0	239.60	135.30	94.30	0.7

表80   1992 年春青稞最佳施肥量试验结果

处理 \ 项目	亩产量（kg）					增产（kg）	粮/养分	增收（元）	投肥（元）	净增收（元）	利润率（%）
	1992 年自治区农科所			1997 年	平均						
	4 号地	6 号地	7 号地	乃东县							
不施化肥	62	71	115	285	133						
NPK 各 5kg	193	198	197	313	225	92.30	6.2	154.98	45.10	109.88	2.44
NPK 各 7.5kg	195	206	211	480	273	140	6.2	235.20	67.65	167.55	2.50
NPK 各 10kg	216	219	223	397	264	131	4.4	219.66	90.20	129.46	1.44
NPK 各 12.5kg	223	231	249	457	290	157	4.2	263.76	112.75	151	1.34
NPK 各 15kg	250	234	256	387	282	149	3.3	249.90	135.30	114.60	0.85

表81   油菜最佳施肥试验结果

处理 \ 项目	亩产量（kg）			增产（kg）	粮/养分	增收（元）	投肥（元）	净增收（元）	利润率（%）
	1997 年札囊县	1998 年贡嘎县	平均						
不施化肥	69	148	109						
NPK 各 5kg	168	201	185	76	5	271.80	45.10	226.70	5.03
NPK 各 7.5kg	146	272	209	100	4.4	360	67.65	292.35	4.32
NPK 各 10kg	191	215	203	94	3.1	338.40	90.20	248.20	2.75
NPK 各 12.5kg	218	239	229	120	3.2	432	112.75	319.25	2.83
NPK 各 15kg	176	242	209	100	2.2	360	135.30	225	1.66

最佳施肥量试验结论如下。

①冬小麦以氮磷钾各施 12.5kg 增产、增收最多，以氮磷钾各 5kg，每千克养分增产粮食的利润率最高。

②春小麦以每亩施 5kg 氮磷钾时每千克养分增产小麦的利润率最高。

③春青稞是以氮磷钾各 7.5kg 的施肥量投产比值（即利润率）最高。

④春油菜的最佳施肥量与春青稞的趋势相同，仍以 12.5kg 增产、增收、净增收最多，但以 5kg 的施肥量每千克养分增产油菜和利润率最高。

3.4.6 春青稞化肥用量与施肥方法的产量效应

1990～1991 年，周春来针对部分河谷农区化肥用量偏高和施肥方法不合理而造成浪费等问题，进行青稞化肥适宜用量及不同施肥方法研究。

（1）试验材料与方法　试验地设在自治区农科所 4 号地和堆龙德庆县乃琼乡二村，潮土，土壤质地为沙壤，耕层 0~20cm 土壤有机质 1.93%~2.12%，全氮 0.073%~0.103%，全磷 0.059%~0.068%，速效氮 70~120mg/kg，速效磷 2.5~4.2mg/kg，速效钾 90~130mg/kg，前作冬小麦，平均亩产 200~250kg，小区面积 0.03 亩和 0.05 亩，3 次重复，随机排列，肥料为尿素 46% N，过磷酸钙 P_2O_5 18%，磷肥统一做基肥，设两个试验内容。

①不同施肥水平试验处理的青稞品种藏青 320、藏青 80 配合方式为：P5 + N0；P5 + N5；P5 + N8；P5 + N11；P5 + N14；②不同施肥方法试验处理选用青稞品种昆仑一号、藏青 85，磷素为 7.5kg，播前一次性基施，氮素为 15kg，分期施：无肥；氮 50% 底施 + 50% 拔节施；50% 分蘖施 + 50% 拔节施；50% 底施 + 50% 分蘖施；一次性在分蘖时追施；底施 33% + 分蘖施 33% + 拔节施 33%；一次性基施。

（2）试验结果　亩施氮素量从 5kg 增到 14kg，青稞产量由 45.5kg 增到 129.7kg，增幅由 18.96% 增到 53.66%，其中以氮素 8kg 青稞 320 产量最高，1kg 氮素增产青稞 16.2kg。不同品种在同等施肥条件下产量不一样，藏青 80 在施氮素 14kg 时产量最高，但仍以 8kg 时，0.5kg 氮素增产青稞数量最多（20.8kg）。不同施肥方法，青稞亩产量大不一样，一次性追施藏青 85 亩产 230kg，一次性全基施昆仑一号青稞亩产 286.5kg 最高（表 82、表 83）。

（3）试验结论　青稞每亩施磷素 5kg 的基础上再亩施氮素以 8kg 为宜，0.5kg 氮素增产青稞在 16.2kg 左右，为最高。藏青 80 品种较藏青 320 品种为需高肥品种，需满足高肥要求组亩产量高。青稞的化肥施用以早施为佳，一次性基施或一次性分蘖时追施都好，在青稞整个生育期中施肥掌握前重后轻为原则。

表 82　不同施肥水平结果

处理	品种	亩产量（kg）
N0	藏青 320	227.1
N5		255.6
N8		323.6

（续表）

处理	品种	亩产量（kg）
N11		263.4
N14		270
N0	藏青 80	256.1
N5		318.9
N8		418.9
N11		422.8
N14		435.6

表 83　不同施肥方法结果

处理	品种	亩产量（kg）
N0	藏青 85	256
底 1/2　拔 1/2		437
分 1/2　拔 1/2		443
底 1/2　分 1/2		430
分		460
底 1/3　分 1/3　拔 1/3		425
底		449
N0	昆仑 1 号	277
底 1/2　拔 1/2		435
分 1/2　拔 1/2		455
底 1/2　分 1/2		480
分		482
底 1/3　分 1/3　拔 1/3		455
底		573

3.4.7　作物品种与土壤肥力增产幅度比较研究

（1）试验目的　1995～1998 年，在林周县、乃东县、贡嘎县 3 个县 6 个点，针对 2000 年实现粮油 100 万 t 大目标，对作物品种和土壤肥力，进行了"土壤肥力与作物品种增产幅度比较研究"。

（2）试验处理　作物选高产、中产、低产（老品种）3 个品种，土壤肥力以施肥量处理为准，设不施肥为低肥，亩施 20kg、亩施 40kg 分别为中肥力和高肥力，耕地选平整，土壤质地均一，土层厚度一致，有保灌条件的统一灌水，耕、耙、播种、松土、除草等田间管理，统一取样、计算产量方法。

（3）试验结果　经过 268 个小区的试验，结果是在相同的平整耕地，相同的土壤质地，相同的灌水量，相同的作物，相同的密度，同一台播种机播种，相同的拔草、松土等田间管理条件下，土壤肥力高的（施肥量多的）比土壤肥力低的（没有施肥的）增产60.2%，作物品种在高肥、中肥和对照（低肥）3个肥力处理产量累计再平均产量，是高产作物品种比当地低产老品种作物品种增产20%（表84）。

表84 土壤肥力与作物品种增产幅度比较

时间 地点	施肥处理 品种处理	不施肥	亩施 20kg	亩施 40kg	平均	品种间 高低相差
1995年林周县甘曲乡美那村春麦中下等级	藏春10号	228.5	498.25	516.95	414.5	44.15kg，高比低增产10.6%
	江孜10号	374.5	427.75	455.74	419.3	
	日喀则12号	363	481.15	532.1	458.7	
	平均	322	468.75	501.45		
	肥力间高低相差	179.45kg，高比低增产55.7%				
1996年林周县甘曲乡美那村冬麦上等田	肥麦	414	551.4	626.1	530.5	49kg，高比低增产9.3%
	9011	475.3	541.9	706	573.3	
	藏冬10号	433.5	513.6	625.4	574.2	
	平均	440.9	535.6	651.4		
	肥力间高低相差	210.5kg，高比低增产47.7%				
1996年乃东县昌珠乡克松村冬麦中等田	肥麦	263.5	329.8	497.2	363.5	103.5kg，高比低增产35.9%
	9011	383.2	483	616	494	
	867	281	422	529.5	410.8	
	平均	309.2	411.6	547.6		
	肥力间高低相差	238.4kg，高比地增产77%				
1997年乃东县昌珠乡茶如村冬麦下等田	肥麦	169.4	201.8	369.3	246.8	88.7kg，高比低增产56%
	9011	121.3	181.6	171.4	158.1	
	平均	145.35	191.7	270.2		
	肥力间高低相差	124.85kg，高低比增产85.8%				
1997年乃东县昌珠乡昌珠村春青稞中等田	藏青80	209	374	406	329.7	87.2kg，高比低增产35.9%
	藏青148	242.9	326.5	320.9	296.8	
	藏青320	174	253.6	300	242.5	
	平均	208.6	318	342.3		
	肥力间高低相差	133.7kg，高比低增产64%				

（续表）

时间地点	施肥处理 品种处理	不施肥	亩施 20kg	亩施 40kg	平均	品种间高低相差
1998 年贡嘎县冬麦上等地	肥麦	405	512	596	504	46kg，高比低增产9.1%
	9011	386	521	614	507	
	肥麦和9011混合	428	569	653	550	
	平均	406	534	621		
	肥力间高低相差	215kg，高比地增产53%				
四年六个点总和平均结果		肥力间高低相差184kg 高肥比低肥增产 60.2%			品种间高低相差73.31kg，高产比低产的增产20%	

（4）试验研究结论　实现粮油 100 万 t 的目标，应该大力提高农田土壤肥力，土壤肥力高，任何作物品种的单位面积产量都会高；土壤肥力低，再高产的作物品种都不会高产，因为农作物缺少生长发育必需的营养，其高产的优势发挥不出来，自治区农科所育出的高产作物品种到了农村大田不能高产。提高土壤肥力是提高单位面积产量的首要基础，只有提高单位面积产量才能确保实现粮油100 万 t 的目标，抓提高土壤肥力应是首要因素。

3.5　21 世纪农田养分平衡试验

西藏农业由 1951 年和平解放以来，从不施肥到为了发展生产开始施肥，从施有机肥发展到引进、示范绿肥，引进试验、示范、推广化肥，走过了近 50 年的施肥发展历程。截至 21 世纪，积累了许多施肥工作经验、教训。

农业是西藏国民经济的基础，肥料一直是粮食增产的主要因素，怎样避免肥料的损失、增加效率、降低成本和提高农产品的品质及降低环境污染，提高肥料利用率等，是我们科技工作者关注的主要问题，引发我们思考现有施肥模式是否符合农田养分循环，达到土壤养分与农作物供需平衡，以及管理等一系列问题。

在 21 世纪初期，西藏粮食自给的时候，笔者就开始考虑怎样的施肥模式才能保持农业高产高效和优质生产，又能维持土壤肥力而不破坏农田生态环境问题，着手进行了试验和摸索研究。

3.5.1 土壤养分限制因素研究

1999 年，西藏自治区农业研究所第一次真正地承担国际合作项目，在四川省农科院涂士华博士帮助下，与加拿大国际植物研究所合作。针对全区 1990 年结束的土地资源调查，全区农田土壤养分极缺磷，不缺钾，缺氮的结论，自治区农牧厅安排农资公司调进磷酸二铵和尿素两种化肥，进行补磷施氮，截至 1999 年，全区耕地从行政措施上大量增补磷的做法已 10 年，粮食亩产量在 188kg。针对 10 年后的 1999 年全区农田中土壤养分的程度问题作者设计"西藏土壤养分限制因子研究与平衡施肥"。试图查清 20 世纪末期西藏农田土壤养分限制因子，在 21 世纪进行科学施肥。

3.5.1.1 土壤养分限制因子研究

该项目本着"科学研究工作应该走在生产的前头，农业科学研究工作者的重要任务之一是应该在问题普遍发生之前就预测到问题发生，并找出解决的途径，而不是问题已经相当严重时再去寻找弥补的办法"。1999 年西藏耕地平均亩产 188kg，与全国比较，属于低产界线，随着党中央的关心，各省市的支持，西藏同全国一样在快速发展，人口不断地增加，而经济建设等占据耕地也不断地增多，在这样人增地减条件下，如何满足日趋增长的人们对粮食、蔬菜、水果等的需求量大而要保证食品的质量等问题亟待解决。首先对生产粮食、油料、蔬菜、水果、畜牧业的饲草、饲料的耕地土壤各种养分的状况做一个比较全面的了解，找出并排除农作物等生产的障碍因子，为提高以土壤肥力为基础的耕地综合生产力，大幅增加粮食作物、蔬菜、水果、畜牧业需要的饲草、饲料等生产的总量提供科学依据和解决的途径。

（1）试验材料　土壤：日喀则地区农科所门前的潮土，贡嘎县吉雄镇岗琼村的高原河谷淤积耕种草甸土，堆龙德庆县东嘎镇东嘎村高原河谷淤积耕种草甸土，3 个地区土壤代表样养分状况（表85）。

表85　西藏耕地3个地区土壤养分代表样化验结果（单位：mg/L）

地点	项目	pH值	有机质（%）	Ca	Mg	K	N	P	S	B	Cu	Fe	Mn	Zn
堆龙德庆县	测值	8.5	1.13	1 803	172.5	27.4	12.1	39.7	24.7	14.76	2.7	33.5	7.3	3.1
	推荐值				9.8	491.2	500	15.2	9.7		0.4		4.2	7.1
贡嘎县	测值	8.1	1.19	1 984	168.9	58.7	25.9	32	7.5	3.6	3.5	33.3	6.4	1.7
	推荐值				13.4	178.2	500	29.6	20.1				50.23	7.6
日喀则市	测值	8.3	0.57	1 523	204.1	58.7	43.7	36.2	11.7	0.9	1.5	17.8	8.4	2.2
	推荐值					156.6	500	17.5	13.6		2		41	7

注：中国农科院土壤肥料研究所中国与加拿大国际合作中心试验室（北京）白由路博士分析测试

作物：冬青稞。

肥料：尿素、过磷酸钙、氯化钾、硫酸锌、硫酸锰、硫酸铁、硫酸镁等。

（2）试验方法　处理：Ⅰ. 最佳处理，按中加试验室推荐养分及量；Ⅱ. 按最佳处理减氮；Ⅲ. 减磷；Ⅳ. 减钾；Ⅴ. 减硫；Ⅵ. 减锰；Ⅶ. 减锌；Ⅷ. 空白对照；3次重复，24个塑料杯子，总计3个地区72个杯子。

方法：在塑料大棚中盆栽。取上述3个地区代表性主要耕地土壤，按中加试验室推荐的养分和量配制营养液（略），将土壤用营养液配制装到1 000ml的试验杯内（略），杯的底部留有小孔，在杯内播种冬青稞50粒，用具有吸持力的卷烟滤嘴，上插入试验杯，下插入有盖并载满水的盆中，定时往盆中注水，使水保持一定的水位，供冬青稞吸收（彩图23、彩图24、彩图25、彩图26），当冬青稞苗高10cm时定株，每只杯苗40株。当作物把营养杯中配制定性定量的养分消耗完时，基本停止生长，再把作物的在土面以上的植株和土以下的根系分别采集，自然晾干后或烘干称重，计算干物质生物量（表86）。田间试验处理为最佳氮8kg、磷3kg、钾10kg，然后在这个基础上设缺氮、磷、钾、锌、锰、铜和加氮、磷、钾共11个处理。

（3）盆栽试验结果　贡嘎县样点最佳处理青稞植株烘干重3.69g，缺氮3.1g，缺磷的3.46g，缺钾的3.12g，缺硫的3.47g，缺锰的3.53g，缺锌的3.36g，除氮、钾缺幅稍大一些，其余较适量（表86）。

表 86　盆栽试验结果及评价

地点	处理	最佳	-N	-P	-K	-S	-B	-Zn
贡嘎样	产量（g）	3.69	3.10	3.46	3.12	3.47	3.53	3.36
	比较（%）	100	82	93.8	84.6	94	95.7	91
	评价		缺氮，施氮增产18%以上	适当，施磷增产幅度不大	缺钾，施钾增产16%以上	适量，施硫增产幅度不大	适量，施硼增产幅度不大	适当，施锌增产幅度不大
	缺素顺序		1	4	2	5	6	3
拉萨样	产量（g）	3.41	2.24	2.96	1.97	2.48	2.99	3
	比较（%）	100	65.7	86.8	57.8	72.7	87.9	88
	评价		缺氮较重，施氮增产34%以上	缺磷，施磷能增产13.2%	极缺钾，施钾增产42.2%以上	缺硫，施硫能增产27%	稍缺锰，施硼增产12.1	稍缺锌，施锌能增产12%
	缺素顺序		2	4	1	3	5	6
日喀则样	产量（g）	4.31	3.5	3.51	3	2.52	2.6	2.46
	比较（%）	100	81.2	81.4	69.6	58.5	60	57
	评价		缺氮，减产18.8%	缺磷，减产18.6%	极缺钾，减产30.4%	极缺硫，减产41.5%	极缺硼，减产40%	极缺锌，减产43%
	缺素顺序		5	6	4	2	3	1

拉萨点样最佳处理青稞植株烘干重 3.41g，缺氮的 2.24g，缺磷 2.96g，缺钾 1.97g，缺硫 2.48g，缺锰 2.99g，缺锌 3g，分别是最佳产量的 65.7%、86.8%、57.8%、72.7%、87.9% 和 88%，其中，氮和钾之缺失，造成减产分别为 34.3%、43.2%。

日喀则点样烘干样最佳处理重 4.31g，缺氮 3.5g，缺磷 3.51g，缺钾 3g，缺硫 2.52g，缺锰 2.6g，缺锌 2.46g，它们的烘干样重分别是最佳处理样的 81.2%、81.4%、69.6%、58.5%、60%、57%。

（4）试验小结　通过盆栽试验，拉萨、山南、日喀则 3 个主产粮区耕作土壤目前的主要限制因子是极缺氮、稍缺磷、极缺钾。贡嘎点微量元素适量，拉萨样点稍缺微量元素，日喀则极缺微量元素，土壤吸附分析结果，氮在临界值的占 99%，表明为极缺；磷在中等水平的占 43.7%；在高水平和极高水平的占 37.4%；钾在临界值的占 61.45%；盆栽试验结果表明，施氮肥和钾肥作物产量大提高，施磷肥增产幅度相对比较小，这与 10 年前的土壤养分极缺磷；缺氮，不缺钾的情况不同，试验达到了预期效果，找到了西藏目前耕地土壤养分限制因子，下一步转入平衡施肥研究和示范。

3.5.1.2 粮食作物养分平衡施肥试验

西藏的粮食作物就是青稞、小麦，历届政府都十分重视粮食的生产，粮食作物的播种面积始终占90%以上。为了提高粮食产量，从政府角度曾搞过大搞积肥造粪，推广冬小麦，大规模低产田改造，推广化肥施用等。目前，在人增地减的条件下，如何提高耕地单位面积产量，确保粮食总产安全，开展各种增产试验，平衡施肥是其中一个方面。

根据1999年土壤养分限制因子研究的盆栽试验结果，从2000年开始进行田间平衡施肥试验。其中，2000～2008年先后有候亚红、刘国一、徐友伟等新人参加平衡施肥技术研究工作。

（1）试验材料　作物：春青稞QB01，春小麦青海533，藏春10号。土壤：贡嘎县吉雄镇岗琼村耕种亚高山灌草原土。肥料：尿素、磷酸二铵、过磷酸钙、氯化钾、硫酸锌、硫酸锰、硫酸铜。

（2）方法　设16个处理：Ⅰ. 空白对照；Ⅱ. 每亩氮素8kg、磷素3kg、钾素10kg、硫酸锌1kg、硫酸锰1kg、硫酸铜0.5kg的最佳配比最佳量组合处理OPT；Ⅲ. 在Ⅱ的基础上缺氮处理；Ⅳ. 在Ⅱ的基础上加氮1倍处理；Ⅴ. 在Ⅱ的基础上加氮2倍处理；Ⅵ. 在Ⅱ的基础上减磷处理；Ⅶ. 在Ⅱ的基础上加磷1倍处理；Ⅷ. 在Ⅱ的基础上减钾处理；Ⅸ. 在Ⅱ的基础上加钾1倍处理；Ⅹ. 在Ⅱ的基础上加钾2倍处理；Ⅺ. 在Ⅱ的基础上减锌处理；Ⅻ. 在Ⅱ的基础上加锌处理；ⅩⅢ. 在Ⅱ的基础上减锰处理；ⅩⅣ. 在Ⅱ的基础上加锰处理；ⅩⅤ. 在Ⅱ的基础上减铜处理；ⅩⅥ 在Ⅱ的基础上加铜处理。

试验地先灌透水，在土壤墒情适宜时耕翻，划定试验小区，每小区面积0.03亩，把事先称好的化肥按16个处理3次重复均匀地撒到小区内，然后耙平田面，用拖拉机进行统一播种，春青稞每亩14kg，春小麦每亩15kg，播种完后再按原来小区插的棍打埂子，恢复田间设计试验图，播种后40天灌分蘖水，再过30天灌拔节水，雨季7月份不用灌水，在整个作物生育期间及时拔草，及时取样收割、考种、计算产量。

（3）2000年试验结果

① 春小麦试验结果：在最佳处理OPT（彩图27）基础上加氮一倍量，亩产量、增收、净增收最高，投肥和净增收比值即利润率不高，减氮处理亩产量（彩

图28）比对照还低，出现负增收；

在最佳处理基础上减磷或加磷（彩图29）处理亩产增产、增收变化不大，只是在净增收和利润率影响比较大，其中减磷处理的利润率比较高，居第二位；

在最佳处理基础上减钾（彩图29）与加钾，小麦亩产量变化很大，减钾增产6.3kg，加钾增产73.3kg，加钾2倍时增产幅度没有加1倍的增产幅度大，净增收和利润率相对降低；

加锌与减锌、加锰与减锰，加铜与减铜对春小麦的亩产量，增收等相对变化不大（表87、表88）。

表87　2000年度春小麦青海533田间试验结果及效益分析

处理＼项目	亩产量（kg）	增产（元）	位次	增收（元）	化肥成本（元）	净增收		利润率	
						元	位次	净增收投肥（元/元）	位次
对照	216.7								
最佳处理	286.7	70	3	103.60	31.32	72.28	2	2.3	1
− N	193.3	− 23.7	12	− 35.08	17	− 58.78		− 4.46	
+ N1	296.7	80	1	118.4	45.65	72.76	1	1.59	5
+ N2	266.7	50	9	74.04	59.96	14.04	13	0.23	13
− P	266.7	50	9	74.80	24.82	49.18	6	1.98	2
+ P1	269	52.3	7	77.40	37.82	39.58	12	1.05	12
− K	223.3	6.3	11	9.32	23.82	− 14.50		− 1.60	
+ K1	290	73.3	2	108.48	38.82	69.66	3	1.79	3
+ K2	283.3	66.3	4	98.12	46.32	51.80	4	1.11	11
− Zn	266.7	50		74	30.32	43.68	9	1.40	8
+ Zn1	270	53.3		78.88	32.32	46.58	8	1.44	7
− Mn	270	53.3	6	78.88	30.32	48.56	7	1.6	4
+ Mn1	273	56.3	5	83.32	32.32	51.00	5	1.58	6
− Cu	263.3	46.6	10	68.52	30.32	38.20	11	1.26	10
+ Cu	268	51.3	8	75.92	32.32	43.60	10	1.35	9

注：尿素1.32元/kg，过磷酸钙1.6元/kg，磷酸二铵2元/kg，氯化钾1.2元/kg，春小麦1.48元/kg，微肥量少，价甚微故没有计算

表88　2000年度春青稞平衡施肥试验结果

项目 处理	亩产量 （kg）	增产 （kg）	化肥成本（元）	增产		净增收		利润率	
				（元）	位次	（元）	位次	净增收/投肥(元/元)	位次
对照	166.7								
最佳（OPT）	210	43.3	31.32	64.12	7	32.80	7	1	6
－ N	173.3	6.3	17	9.32	10	－ 7.68		－ 3.13	
＋ N1	260	93.3	45.64	138.08	1	92.44	2	2	3
＋ N2	216.7	50	59.96	74	5	14	10	0.23	
－ P	213.3	46.3	24.82	68.52	6	43.7	5	1.76	4
－ K	200	33.3	23.46	49.28	9	24.46	8	1	6
＋ K1	256.7	90	32.82	133.20	2	94.38	1	2.88	1
＋ K2	240	73.3	46.30	108.48	3	62.28	4	1.3	5
－ Zn	203.3	36.3	30.32	54.37	8	23.40	9	0.77	
－ Mn	233.3	66.3	30.32	98.12	4	67.80	3	2.2	2
－ Cu	213.3	46.3	30.32	68.52	6	38.20	6	1.3	5

注：尿1.32元/kg，过磷酸钙1.6元/kg，磷酸二铵2元/kg，氯化钾1.2元/kg，春小麦1.48元/kg

春小麦试验结论如下：氮素对春小麦亩产量、增收、净增收影响最大，减氮后马上减产、减收，施氮或者增施氮则大幅增产增收，在目前西藏土壤养分条件下氮素营养是限制春小麦产量的第一因素，要想春小麦高产增收，重点是施氮；在本试验中，钾素是影响春小麦高产的第二因素，施钾、加钾与减钾对春小麦的增产增收影响很大，在重点施氮肥基础上补钾，将会收到更好的效果；最佳处理在试验中体现出最佳效果（彩图27），它不仅增产增收，而且利润率是最高的，按土壤养分含量配比化肥施用量能达到平衡施肥，促进作物高产的目的；磷、锌、锰、铜对春小麦都有增产作用，有一定配比就行，不需要太多量，对春小麦产量影响不大。

②春青稞试验结果：减氮处理苗期（彩图31）和成熟期苗产量仅比对照苗期（彩图30），亩产增产6.3kg，扣去化肥成本，还亏7.68元，再施其他肥料每投资1元亏损3.13元；加氮处理比对照增产93.3kg，比最佳处理还增产50kg，增收最多，净增收第二，利润率第三；加氮2倍的量、亩产量、增产下降（表89、表90）。

表89　2001年度春小麦平衡施肥试验结果统计及效益分析

处理 \ 项目	亩产量（kg）	增产（kg）	增产（元）	位次	化肥成本（元）	净增收（元）	位次	利润率 净增收/投肥（元/元）	位次
对照	161								
最佳处理	342.2	181.2	275.5	2	31.32	244.15	3	7.8	2
－ N	127.8	－33	－50.92		17	－67.92		－3.99	
＋ N	344.5	83.45	278.84	1	45.64	233.20	5	5.1	5
－ P	227.8	66.8	101.54	8	24.82	76.72	10	3.09	8
＋ P	222.2	61	95.10	9	37.82	55.26	11	1.46	11
－ K	161.1				23.82	－23.82		－1	
＋ K	255.6	94	143.71	6	38.82	104.90	8	2.7	10
－ Zn	277.8	116.8	177.54	5	30.32	147.22	7	4.86	7
＋ Zn	288.9	127.9	194.41	4	32.32	162.09	6	5.02	6
－ Mn	344.5	183.41	278.84	1	30.32	248.52	1	8.22	1
＋ Mn	344.5	183.4	278.84	1	32.32	246.52	2	7.63	4
－ Cu	335.6	174	265.32	3	30.32	235	4	7.75	3
＋ Cu	244.4	83	126.84	7	32.32	94.52	9	2.9	9

表90　2001年度春青稞平衡施肥试验结果统计及效益分析

处理 \ 项目	亩产量（kg）	增产（kg）	增产（元）	位次	化肥成本（元）	净增收（元）	位次	利润率 净增收/投肥（元/元）	位次
对照	222								
最佳处理	288.9	66.9	101.69	1	31.32	70.37	1	2.25	1
－ N	205.5	－16.5	－25.08		17	－41.08		－2.48	
＋ N	277.6	55.4	84.21	2	45.64	38.57	5	0.85	6
－ P	244.4	22.2	33.74	10	24.82	8.92	8	0.36	8
＋ P	246.7	24.7	37.54	8	37.82	0.28	11	0.007	10

（续表）

项目 / 处理	亩产量（kg）	增产（kg）	增产（元）	位次	化肥成本（元）	净增收（元）	位次	利润率 净增收/投肥（元/元）	位次
− K	183.3	− 38.7	− 58.82		23.82	− 82.64		− 3.47	
+ K	263.3	41.3	62.78	6	32.82	29.96	6	0.91	5
− Zn	277.2	55.2	83.90	3	30.32	53.58	2	1.73	2
+ Zn	268.9	46.9	71.29	5	32.32	38.97	4	1.21	4
− Mn	155.5	− 66.5	− 101.08		30.32	− 131.14			
+ Mn	255.3	33.3	50.62	7	32.32	18.30	7	0.57	7
− Cu	244.4	22.4	34.05	9	30.32	3.73	9	0.12	9
+ Cu	272	50	76	4	32.32	43.68	3	1.35	3

减磷处理苗期（彩图 31）和灌浆期（彩图 33）的亩产量与最佳处理苗期（彩图 30），亩产比较增产 3kg，利润率比较高，排第四位。

减钾处理苗期（彩图 32）和灌浆期（彩图 34）亩产 200kg，比对照增产 33.3kg；加钾处理比对照增产 90kg，净增收、利润率都是最多的；加钾 2 倍处理，亩产量下降。

减锌、减锰、减铜的亩产量与减磷的亩产量相差不多。

春青稞试验结论：氮素对春青稞的增产、增收、利润率影响最大，减氮立马亏损，增氮、施氮马上增产增收，因此，其对青稞产量是第一要素，第二影响要素是钾素营养，施钾、加钾春青稞产量大幅度提高，利润率最高，磷素、锌素、锰素、铜素营养对春青稞的产量有影响，但不是很大。

（4）2001 试验结果

在 2000 年试验的基础上减少了几项处理，但仍然是 2000 年的试验结果趋势，不论春青稞还是春小麦，仍然是减氮处理产量最低，比对照产量还低，施氮的产量就是最高产量和第二产量，其中，春小麦减氮每亩减产 33kg，亩亏损 67.92 元；施氮增产 183.45kg，增收 278.84 元。

青稞对锰反应比较明显，施氮、磷、钾、锌、铜，不施锰的处理比对照减产 66.5kg，减收 101.08 元；施氮、磷、钾、锌、铜、锰处理比对照增产 33.3kg，增收 50.62 元。

减钾都减产，增施钾都增产，其中，小麦，施氮磷不施钾处理的亩产量与对

照持平，施氮、磷、钾的比对照增产 94kg；青稞施氮磷不施钾的比对照减产
38.7kg，亏损 58.82 元，施氮、磷、钾的比对照增产 41.3kg，增收 62.78 元。

其他减磷、增磷，减锌、加锌，减铜、加铜对粮食作物影响不十分突出。

2001 年 8~9 月，对山南地区、日喀则地区、拉萨地区、林芝地区的主要农
区 23 个县主要耕地进行了取样分析（表 91）。

表 91　2001 年主要农区农田土壤养分状况统计分析

地点	取样数（个）	养分	养分各等级指标的样品数占总样品（%）			
			低（临界值）	中	高	极高
札囊县	45	N	96	4		
		P	18	44	36	2
		K	89	11		
		Mn	40	58	2	
乃东县	3	N	100			
		P	33	67		
		K	67	33		
贡嘎县	4	N	100			
		P		25	25	50
		K	75		25	
城关区	2	N	100			
		P	50		50	
		K	100			
达孜县	4	N	100			
		P	25	25	50	
		K	75	25		
林周县	4	N	100			
		P	50	25	25	
		K	75	25		
曲水县	4	N	100			
		P		50	50	
		K		100		
堆龙德庆县	2	N	100			
		P			50	50
		K	50	50		

（续表）

地点	取样数（个）	养分	养分各等级指标的样品数占总样品（%）			
			低（临界值）	中	高	极高
林芝县	4	N	100			
		P	50	50		
		K	25	75		
米林县	4	N	100			
		P	25	50		25
		K	50	25	25	
日喀则县	5	N	100			
		P		60	40	
		K	100			
江孜县	6	N	100			
		P		66.7	33.3	
		K	66.7	33.3		
白朗县	4	N	100			
		P		100		
		K	75	25		
总数、平均数	91	N	99.7	0.3		
		P	19.3	43.3	27.6	9.8

2001 年平衡粮食作物施肥试验结论如下。

氮素营养极缺对粮食影响较大，是目前粮食作物高产的主要限制因素，合理施用氮素养分能大幅度提高粮食作物单位面积产量；

钾素营养不足是影响粮食单位面积产量的第二限制因素，适量补施钾肥将有较大幅度增产；

磷素、锌素、铜素营养对粮食单位面积产量影响不十分显著，近几年可以不考虑或者减少这些营养元素的施用，以减少不必要的投入；

锰素营养对青稞亩产量影响比较大，起码不能缺乏粮食作物对锰素的需求，适当补充，投资很小，增收比较大。

3.5.1.3 油料作物平衡施肥试验

油菜是西藏种植业排在青稞、小麦之后的第三大作物，从 1965 年的 5.03 千 hm^2，总产量 5 264t 发展到 2005 年的 26.05 千 hm^2，总产量 61 164t（表 92）。不仅播种面积成倍提高，而且单位面积的产量也在直线上升，油菜的总产已成为西藏食用油料的重要指标，随着西藏的总体发展，耕地面积总量在逐渐下降，而人口不断增多，对油料的需求量不断增大。因此，大幅提高油菜单位面积产量迫在眉睫，因此，从 2000 年开始油菜平衡施肥试验。

表 92　西藏油菜播种面积和总产变化

年份 \ 项目	油菜播种面积（千 hm^2）	油菜总产量（t）	单位面积产量（kg/hm^2）
1965 年	5.03	5 264	1 046.5
1970 年	5.87	5 984	1 019.6
1980 年	11.33	10 770	950.6
1990 年	10.73	17 140	1 597.4
1995 年	18.52	33 689	1 819.06
2000 年	16.08	39 564	2 460.44
2003 年	21.64	49 378	2 281.79
2004 年	24.32	53 944	2 218.09
2005 年	26.04	61 164	2 347.95
地区	2008 年主要油菜面积分布		总产（吨）
拉萨地区	3.57		11 776
昌都地区	3.22		3 393
山南地区	4.13		10 027
日喀则地区	10.13		23 602

（1）试验材料　沙性中壤，养分状况见表 93，作物为山南油菜 2 号，施用尿素、磷酸二铵、重过磷酸钙、氯化钾和羊粪。

表 93　试验地土壤养分状况

地点	项目	pH 值	有机质 (%)	Ca Mg/v	Mg Mg/v	K Mg/v	N Mg/v	P Mg/v	Mn Mg/v	Zn Mg/v	S Mg/v
测定值	2000 年贡嘎县	7.7	0.71	1 843	110	39.1	21.1	15.3	9.6	1.4	22
	2003 年札囊县	8	0.76	1 822.9	202	27.8	20.3	21.5		1.7	4.6
推荐量	2000 年贡嘎县			0	71.7	178	50	0	50	5.8	44
	2003 年札囊县			0	8.6	689	480	0		5.2	220

注：中国农科院土壤肥料研究所中加试验室化验（吸附分析）

（2）试验方法　在播种前 4 天灌透水，然后按取样测试的土壤养分含量设计试验处理列表（表 94）。写好的标签装入化肥的塑料袋内，按处理称取化肥量后统一装木箱，准备好 60cm 长的木棍（或木牌）和 50m 长的皮尺及 100m 长的线绳子，脸盆，播种机，当试验地土壤墒情适宜时耕翻，按小区的净面积（20m²）划出 3 个重复，留出 2 个灌各小区的水渠，每个田埂 30cm 宽，按小区面积在 3 个重复的田埂上插棍，把装化肥的塑料袋按处理摆放到小区内，用线绳以木棍为准划小区，从一头开始往另一头边划小区边撒化肥，在撒化肥时，先把塑料袋化肥倒入脸盆中，用手充分混拌均匀后再撒向小区，该小区的化肥必须均匀地撒在本小区内，不得减少，也不得有剩余，一般是从一侧开始，1 个重复 1 个人，3 个重复就安排 3 个人撒化肥，这样不会乱。撒完化肥后，统一用播种机播种，在油菜种装机前，对播种机进行调试，调试好后把油菜种子按每亩 0.6kg 量与 3kg 的沙子混合均匀，把下种量的刻度调好，再把油菜种子装进机内进行播种，播均播直行，播种完后，再按原先插棍划分好的小区拉线打 3 个重复的田埂，平整好田面，最后收线绳，拔木棍，看好不让人、畜进试验地，按需拔草、松土、灌水和田间调查，及时召开现场会，及时取样（测产）、收获、称产。

（3）试验结果

不施氮素处理（彩图 35）的油菜增产增收幅度最小，2003 年比对照产量还低，并亏损 886 元/hm²，施氮油菜大幅度增产，加氮也较大幅度地增产。2000 年的贡嘎县见彩图 37～40，2003 年的札囊县见彩图 41～44，分别增产 440～2 683 kg/hm²，增收 1 408～8 586元。

不施钾素油菜增产量不大，在氮磷素固定时，油菜产量随施钾素数量增大而增加，植株和产量也在增加（彩图 45～47），为 40～1 710kg，施钾的每公顷 2 800～3 300kg 增产 1 140～1 260kg，增收 3 648～4 032元。

不施磷素增产油菜 1 155 ~ 2 309 kg（彩图 36），与最佳的处理彩图 35 施氮磷钾处理的 1 135 ~ 2 683 kg 相差无几，在计算投肥与净增收的利润率时是10.86，是全处理中第一位（表 95）。

传统施氮磷 1∶1 比例量，增产 2 102 kg，增收也比较多，为 6 728 元，但在计算利润率时是 4.23 元，是全处理中最低的一个。

高肥的氮 216，磷 54，钾 108，油菜产量最高 2 683.3 kg/hm²；中肥的氮120 kg/hm²，磷 22.5 kg/hm²，钾 75 kg/hm²，油菜产量 1 710 kg/hm² 也是该处理组中最高产，它们的氮磷钾比例均为 5∶1∶3。

表 94 油菜平衡施肥处理

处理　　年份	养分	氮素 （kg/hm²）	磷素 （kg/hm²）	钾素 （kg/hm²）	$ZnSO_4$ （kg/hm²）	$MnSO_4$ （kg/hm²）	$CuSO_4$ （kg/hm²）
对照							
最佳处理 OPT	2000 年	60	22.5	75	7.5	7.5	3.75
	2003 年	216	54	108	7.5	7.5	
	2004 年	75	25	50			
减氮 –N	2000 年		22.5	75	7.5	7.5	3.75
	2003 年		54	108	7.5	7.5	
	2004 年		25	50			
–P	2000 年	60		75	7.5	7.5	3.75
	2003 年	216		108	7.5	7.5	
	2004 年	75		50			
–K	2000 年	60	22.5		7.5	7.5	3.75
	2003 年	216	54		7.5	7.5	
	2004 年	75	25				
1N+1 倍	2000 年	120	22.5	75	7.5	7.5	3.75
	2004 年	100	25	50			
N+2 倍	2000 年	240	22.5	75	7.5	7.5	3.75
	2004 年	125	25	50			
农民传统 TK	2003 年	216	216				
–Mn	2000 年	60	22.5	75	7.5		3.75
	2003 年	216	54	108	7.5		

处理 / 养分 年份		氮素 （kg/hm²）	磷素 （kg/hm²）	钾素 （kg/hm²）	ZnSO₄ （kg/hm²）	MnSO₄ （kg/hm²）	CuSO₄ （kg/hm²）
−Zn	2000 年	60	22.5	75		7.5	3.75
	2003 年	216	54	108		7.5	
K+1 倍	2000 年	60	22.5	150	7.5	7.5	3.75
	2004 年	75	25	75			
K+2 倍	2000 年	60	22.5	300			
	2004 年	75	25	100			

注：2000 年贡嘎县吉雄镇岗琼村，2003 年札囊县扎塘镇阿嘎村，2004 年札囊县扎囊乡朗色林村

表95　油菜平衡施肥产量及经济效益分析

处理 / 养分 年份		产量 （kg/hm²）	增产 （kg/hm²）	增收 （元/hm²）	肥成本元 （hm²）	净增收 （元/hm²）	利润率 （元/元）	平均利润率 （%）	位次
对照	2000 年	2 040							
	2003 年	1 400							
	2004 年	1 660							
最佳处理 OPT	N60 P22.5 K75	3 175.5	1 135.5	3 633.6	422.5	3 211.1	7.6	6.17	6
	N216 P54 K108	4 083.3	2 683.3	8 586.56	939.18	7 647.38	8.14		
	N75 P25 K50	2 100	440	1 408	372.66	1 035.34	2.78		
减氮−N	P22.5 K75	2 145	105	336	273.84	62.16	0.23	−0.48	10
	P54 K108	2 498.2	−150.9	−482.88	403.84	−886.72	−2.2		
	P25 K50	1 750	90	288	186.84	101.16	0.54		
−P	N60 K75	3 195	1 155	3 696	344.26	3351.74	9.74	10.86	1
	N216 K108	3 709.2	2 309.2	7 389.44	751.34	6 638.1	8.84		
	N75 K50	3 000	1340	4 288	285.78	4 002.22	14		
−K	N60 P22.5	3 000	960	3 072	226.9	2 845.1	12.54	6.19	5
	N216 P54	3 110.6	1710.6	5 473.92	723.18	4 750.74	6.57		
	N75 P25	1 700	40	128	272.7	−144.7	−0.53		
+1N	N120 P22.5 K75	7 350	1 710	5 472	571.27	4 900.73	8.58	6.52	4
	N100 P25 K50	2 400	740	2 368	434.68	1 933.32	4.45		
+2N	N240 P22.5 K75	3 495	1 455	4 656	868.58	3 787.42	4.36	6.59	3
	N125 P25 K50	3 183	1 523	4 873.6	496.58	4 377.02	8.81		

（续表）

处理	养分 年份	产量（kg/hm²）	增产（kg/hm²）	增收（元/hm²）	肥成本元（hm²）	净增收（元/hm²）	利润率（元/元）	平均利润率（%）	位次
农民传统	N216 P216	3 502.5	2 102.5	6 728	1 286.7	5 442	4.23		10
－Mn	N60 P22.5 K75	2 500.5	460.5	1 473.6	422.5	1 051.1	2.49	5.25	7
	N216 P54 K108	4 044.75	2 644.75	8 463.2	939.18	7 524.02	8.01		
－Zn	N60 P22.5 K75	2 250	210	672	422.5	249.5	0.59	4.28	9
	N216 P54 K108	4 030.8	2 630.8	8 416	939.18	7 476.82	7.96		
＋1K	N60 P22.5 K150	3 300	1 260	4 032	526.9	3 505.1	6.65	6.72	2
	N75 P25 K75	2 800	1 140	3 648	468.3	3 179.7	6.79		
＋2K	N60 P22.5 K100	3 195	1 155	3 696	826.9	2 869.1	3.47	5.1	8
	N75 P25 K100	2 800	1 140	3 648	472.74	3 175.26	6.72		

注：尿素 1.4 元/kg，磷酸二铵 1.6 元/kg，过磷酸钙 1.2 元/kg，氯化钾 1.2 元/kg，油菜籽 3.2 元/kg

油菜平衡施肥试验结果证明，西藏耕地普遍缺少氮素，其次是缺钾素，以氮素与钾素配合施用，油菜的增产幅度比较大，施肥的利润率高达 6.65 元，个别的年份达 10 元之多。

目前耕地中磷素养分含量较高，施磷肥或不施磷肥对油菜产量影响不大，可以暂时不施磷肥，可节约这笔开支。

影响油菜产量的第三限制因是锌、锰两个微量元素，在满足三要素基础上要考虑微肥的施用，施用量不大，投入也不多，利润率高、效益非常好。

试验结果还显示，油菜需氮、磷、钾养分的比例为 5∶1∶3。20 世纪 90 年代后期的氮磷施肥比例 1∶1 已不适合当今农作物需肥比例。

3.5.1.4 经济作物平衡施肥试验

（1）试验材料　尿素（含氮 46%）、磷酸二铵（含氮 18%、含磷 46%）、重过磷酸钙（含磷 20%）、氯化钾（含钾 60%）、羊粪、大蒜、西瓜、荞麦、河谷耕作草甸土，土壤养分状况见表 96。

（2）试验方法　同前，试验处理详见表 97。

表96 西瓜、荞麦平衡施肥试验地土壤养分含量状况

NO	实验室编号	样品编号	取样时间	省	市（县）	乡	村	具体地块	经度	纬度	土壤类型	质地	当季作物	目标产量	取样深度	灌溉条件	前茬作物	产量水平
1	AYZR09	200701	2007.03.26	西藏	乃东县	昌珠镇	王沙村	公路边			山地草甸土	壤土	大蒜	1 000kg	20cm	保灌	冬青稞	250kg/亩

项目	土壤测试结果	养分水平 低	中	高	推荐施肥 单位	kg/亩
有机质（OM）	1.15%	<1%	1%~2%	>3%		
铵态氮（NH₄-N）	10.5Mg/L	<50	50~150	>150	氮	14
硝态氮（NO₃-N）	25.1Mg/L	<50	50~150	>150		
磷（P）	41.4Mg/L	<5	5~20	>20	磷（P₂O₅）	4
钾（K）	84.7Mg/L	<100	100~200	>200	钾（K₂O）	7
钙（Ca）	1 687.1Mg/L	<100	100~300	>300	钙（CaCO₃）	
镁（Mg）	92.0Mg/L	<100	100~200	>200	镁（MgCO₃）	16
硫（S）	7.2Mg/L	<5	5~10	>10	硫	2.7
铁（Fe）	54.6Mg/L	<5	5~20	>20	铁	
铜（Cu）	3.0Mg/L	<0.5	0.5~1	>1	铜	
锰（Mn）	9.5Mg/L	<1	1~15	>15	锰	0.3
锌（Zn）	2.0Mg/L	<0.15	0.15~2	>2	锌	0.3
硼（B）	1.14Mg/L					
酸碱度（pH值）	7.12Mg/L	5.5~6.5	6.5~7.5	>7.5	石灰	
钙镁比（Ca/Mg）	18.3					
镁钾比（Mg/K）	1.1					

注：中国农业科学院土肥所所中加项目试验室化验（吸附分析）

表 97　经济作物平衡施肥处理

处理＼项目	作物	时间	氮素（kg/hm²）	磷素（kg/hm²）	钾素（kg/hm²）
对照	西瓜	2005 年			
	大蒜	2006 年			
	荞麦	2006 年			
最佳 OPT	西瓜	2005 年	37.5	37.5	37.5
	大蒜	2006 年	120	60	75
	荞麦	2006 年	90	45	45
－ N	西瓜	2005 年		37.5	37.5
	大蒜	2006 年		60	75
	荞麦	2006 年		45	45
－ P	西瓜	2005 年	37.5		37.5
	大蒜	2006 年	120		75
	荞麦	2006 年	90		45
－ K	西瓜	2005 年	37.5	37.5	
	大蒜	2006 年	120	60	
	荞麦	2006 年	90	45	
1/2 N	西瓜	2005 年	18.75	37.5	37.5
	大蒜	2006 年	60	60	75
	荞麦	2006 年	45	45	45
3/2 N	西瓜	2005 年	56.2	37.5	37.5
	大蒜	2006 年	150	60	75
	荞麦	2006 年	120	45	45
2N	西瓜	2005 年	75	37.5	37.5
	大蒜	2006 年	240	60	75
	荞麦	2006 年	180	45	45
1/2 K	西瓜	2005 年	37.5	37.5	18.75
	大蒜	2006 年	120	60	37.5
	荞麦	2006 年	90	45	22.5
3/2 K	西瓜	2005 年	37.5	37.5	56.25
	大蒜	2006 年	120	60	112.5
	荞麦	2006 年	90	45	67.5

处理 \ 项目	作物	时间	氮素（kg/hm^2）	磷素（kg/hm^2）	钾素（kg/hm^2）
2K	西瓜	2005 年	37.5	37.5	75
	大蒜	2006 年	120	60	150
	荞麦	2006 年	90	45	90
3N	西瓜	2005 年	112.5	37.5	37.5
4N	西瓜	2005 年	150	37.5	37.5
5N	西瓜	2005 年	187.5	37.5	37.5
6N	西瓜	2005 年	225	37.5	37.5

（2）试验结果

西瓜以氮素：磷素：钾素 4:1:1 的施肥比例（彩图 48）亩增产 1 312.5kg 为最高，增收 5 250 元为最多，净增收 5 225.7 元为最好，每投入 1 元净增收 215 元；以氮素：磷素：钾素的施肥比例 1:0:1 其利润率最高，每投入 1 元，净增收 559.7 元。不施氮产量最低亩产 1 100kg（彩图 49）利润率最低 37.2% 排最后。不施磷肥亩产 1 695kg，（彩图 50）略有下降，不施钾（彩图 51）亩产 1 555kg。

大蒜以氮素：磷素：钾素施肥比例 2:1:1 的单位面积亩产量 2 733.5kg 最高，增收 3 696.4 元，净增收 3 202.9 为最多，利润率（净增收/投入）6.49% 为最高。不施氮亩产 1 266kg，比对照亩产 1 613kg 还低 347kg，不施磷亩产 2 093kg，下降不明显，不施钾亩产 2 086.8kg。

荞麦以氮素 1.5、磷钾素各 1 施肥比例（彩图 52）单位面积产量 153kg 最高，增收 266 元，净增收 221.0 元最多，利润率 4.84% 最高。不施氮亩产 91kg（彩图 53），对照（彩图 54）不施磷亩产 113.3kg（彩图 55），不施钾亩产 100kg（彩图 56），详见表 98（彩图 53）。

表 98　经济作物平衡施肥试验结果及经济效益分析

处理 \ 项目			（kg/hm^2）	增产（kg）	增收（元）	肥料成本（元）	净增收		利润率	
							（元）	位次	（净元/投元）	位次
1	对照 CK	西瓜	15 037							
		大蒜	24 200							
		荞麦	1 300							

（续表）

处理	项目	（kg/hm²）	增产（kg）	增收（元）	肥料成本（元）	净增收（元）	位次	利润率（净元/投元）	位次
2 最佳NPK	西瓜	26 100	11 063	44 252	198.9	44 053.1	9	221.50	2
	大蒜	33 601	9 401	31 023.3	07 339.5	23 683.8	5	3.23	5
	荞麦	1 800	500	2 000	653.4	1 346.6	3	2.06	3
3 −N（PK）	西瓜	16 500	1 463	5 852	153.15	5 698.85	4	37.20	14
	大蒜	19 000	−5 200	−17 160	7 212	−24 372	10	−3.38	10
	荞麦	1 366	66	264	558	−294	10	−0.53	10
4 −P（NK）	西瓜	25 425	10 388	41 552	74.1	41 477.9	10	559.76	1
	大蒜	31 400	7 200	23 760	7 267.5	16 492.5	6	2.27	6
	荞麦	1 700	400	1 600	599.4	1 000.6	6	1.67	6
5 −K（NP）	西瓜	23 325	8 288	33 152	170.55	32 981.45	14	193.38	6
	大蒜	31 302	7 102	2 346.6	7 249.5	16 187.1	7	2.23	7
	荞麦	1 500	200	800	599.4	200.6	7	0.33	7
6 1/2NPK	西瓜	24 300	9 263	37 052	204.45	36 847.55	13	180.23	9
	大蒜	27 602	3 402	11 226.6	7 275.60	3 951	8	0.54	8
	荞麦	1 500	200	800	606.70	193.3	8	0.32	8
7 3/2NPK	西瓜	26 250	11 213	44 852	273	44 579	7	163.29	11
	大蒜	34 301	12 101	39 933.3	7 371	32 562.3	2	4.42	2
	荞麦	2 300	1 000	4 000	685.20	3 314.8	1	4.84	1
8 2NPK	西瓜	26 925	11 888	47 552	364.50	47 187.5	6	129.46	13
	大蒜	41 002	16 802	55 446.6	7 402.80	48 043.8	1	6.49	1
	荞麦	1 933	633	2 532	717	1 815	2	2.53	2
9 NP1/2K	西瓜	24 800	9 763	39 052	184.73	38 867.27	12	210.40	4
	大蒜	25 701	1 501	4 953.3	7 294.5	−2 341.2	9	−0.32	9
	荞麦	1 500	200	800	626.4	173.6	9	0.28	9
10 NP3/2K	西瓜	25 200	10 163	40 652	213.08	40 438.92	11	189.78	7
	大蒜	35 531	11 331	37 392.3	7 384.5	30 007.8	4	4.06	3
	荞麦	1 766	466	1 864	680.4	1183.6	5	1.74	5
11 NP2K	西瓜	26 200	11 163	44 652	227.25	44 424.75	8	195.49	5
	大蒜	35 561	11 361	37 491.3	7 429.5	30 061.8	3	4.05	4
	荞麦	1 800	500	2 000	707.4	1 292.6	4	1.83	4

（续表）

处理	项目		（kg/hm²）	增产（kg）	增收（元）	肥料成本（元）	净增收		利润率	
							（元）	位次	（净元/投元）	位次
12	3NPK	西瓜	29 220	14 183	56 732	318.75	56 413.25	5	176.98	10
13	4NPK	西瓜	34 725	19 688	78 752	364.5	78 387.5	1	215.05	3
14	5NPK	西瓜	33 840	18 803	75 212	410.25	74 801.75	2	182.33	8
15	6NPK	西瓜	32 370	17 333	69 332	456	68 876	3	151.04	12

注：项目成本：大蒜种子山东批发加运费 2.6 元/kg，5 850 元/hm²，羊粪 15t/hm²（80 元×15kg）1 200 元，荞麦种子 1hm²（4 元×112.5kg）450 元，西瓜种子 1hm²（100 元×5kg）500 元，尿素 1.06 元/kg，稀土磷肥 0.8 元/kg，氯化钾 1.2 元/kg。

产值价格：大蒜当地收购 3.3 元/kg，荞麦 4 元/kg，西瓜 4 元/kg。

经济作物平衡施肥结果表明，土壤养分含量情况是科学、合理、平衡施肥的重要依据。摸清土壤养分底数，计算施肥。以净收入为例，不施氮肥排列 8 位以后，施氮肥排到 1、2、3 位，不施钾肥排到 6、7、8 位，而施钾肥排到 4、5、6 位，而施磷肥和不施磷肥对净增收影响不大，这与土壤中的养分含量相吻合。例如乃东县昌珠镇玉沙村因为土壤磷营养含量较高，都超过极丰富水平，而氮的含量处在极缺状况，钾在中下水平。试验也证明，不施氮肥对作物影响最大，依次是钾、磷对作物产量目前影响不是很大，可以考虑少施磷肥，个别地方可不施磷肥，减少化肥投入资金。

3.5.1.5　土豆平衡施肥

3.5.1.5.1　2007 年度土豆平衡施肥试验

土豆是西藏农民普遍种植的既是粮食又是蔬菜的作物，排在青稞、小麦、油菜之后的第四位，怎样种好土豆直接关系到西藏农民餐桌上的内容。

（1）试验材料　品种：当地白花土豆（马铃薯）

肥料：当地农家有机肥（土杂肥），云南产的 46% 尿素，四川产的 P_2O_5 12% 生物有机磷肥，加拿大产的 60% 氯化钾。

土壤：亚高山耕种草甸土，土壤养分情况详见表 99。

表99　乃东县结巴乡门宗村农田土壤养分含量

含量＼养分	有机质（%）	铵态氮（mg/L）	硝态氮（mg/L）	有效磷（mg/L）	有效钾（mg/L）	钙（mg/L）	镁（mg/L）	锰（mg/L）	锌（mg/L）
化验结果	0.71	12.2	44.3	43.2	42.1	1 361.8	197.7	10.2	2.4
养分水平	低	低	偏高	高	低	中	中下	中下	中下
推荐施肥量		90kg/hm²		0	135 kg/hm²	0	105 kg/hm²	4.5 kg/hm²	4.5 kg/hm²

注：中国农业科学院土壤肥料研究所中加国际合作实验室吸附分析

（2）试验方法

A. 试验处理：试验设11个处理，包括Ⅰ. 对照（不施化肥，施土杂肥30 000kg/hm²）；Ⅱ. 最佳（氮90kg，磷15kg，钾120kg，土杂肥30 000kg/ha）；Ⅲ. 缺氮（磷15kg，钾120kg，土杂肥30 000kg）；Ⅳ. 缺磷（氮90kg，钾120kg，土杂肥30 000kg）；Ⅴ. 缺钾（氮90kg，磷15kg，土杂肥30 000kg）；Ⅵ.1/2 氮（氮45kg，磷15kg，钾120kg，土杂肥30 000kg）；Ⅶ.2/3 氮（氮135kg，磷15kg，钾120kg，土杂肥30 000kg）；Ⅷ. 二氮（氮180，磷15kg，钾120kg，土杂肥30 000kg）；Ⅸ.1/2 钾（氮90kg，磷15kg，钾60kg，土杂肥30 000kg）；Ⅹ.2/3 钾（氮90kg，磷15kg，钾180kg，土杂肥30 000kg）；Ⅺ. 二钾（氮90kg，磷15kg，钾240kg，土杂肥30 000kg）；

B. 试验方法：试验前按划分小区（20m²）全部打埂子、施肥等同油料作物，播种时每小区种六行土豆，株距20cm，行距80cm，边摆土豆种子边埋土。按需灌水、除草，6月26日和9月5日分别召开土豆苗期和收获期现场会。

（3）试验结果　氮素135kg，磷素15kg，钾素120kg时土豆的每小区产量是146kg，折算成1hm²单位面积产量最高达65 423kg（彩图57、彩图58），增收32 294.40元最多，净增收32 523.23元最多，利润率为40.88%，排第七；不施氮和不施钾小区产量分别是83kg、86kg，折1hm²产量分别为37 350kg和38 700kg，不施磷的小区产土豆125.5kg，折1hm²产土豆56 475kg。（详见彩图59、彩图60、彩图61）。在磷钾用量不变的情况下氮素180kg时产量64 800kg，增收31 546.8元，净增收30 552.02元为第三，利润率31.78%排第九；当钾素施用180kg，磷15kg，氮90kg，产量是64 599 kg/hm²，增收31 305.6元，净增收30 638.21元，排第二，利润率45.90%，排第六；当氮90kg，磷15kg，钾120kg施用量时，产量是64 251 kg，增收30 888元，净增收30 340.61元，利润率

55.43%时排第四位。利润率91.12元最高的是1/2N肥处理产量63 360kg，增收29 818.8元，净增收29 495.1元，排第七位（表100）。

表100　2007年土豆平衡施肥结果

处理	项目	(kg/hm²)	增产 (kg)	增收 (元)	肥料成本 元	净增收 (元)	位	利润率 净收/投入 (元/元)	位次
1	CK	38 511							
2	OPT	64 251	25 740	30 888	547.39	30 340.61	4	55.43	4
3	-N	46 876	8 365	10 038	340	9 698	10	28.52	10
4	-P	58 311	19 800	23 760	447.39	23 312.61	8	52.11	5
5	-K	55 291	16 780	20 136	307.39	19 828.61	9	64.51	3
6	1/2 N	63 360	24 849	29 818.8	323.70	29 495.1	7	91.12	1
7	3/2 N	65 423	26 912	32 294.4	771.09	31 523.31	1	40.88	7
8	2N	64 800	26 289	31 546.8	994.78	30 552.02	3	30.71	9
9	1/2 K	63 459	24 948	299 376	427.39	29 510.21	6	69.05	2
10	3/2 K	64 599	26 088	31 305.6	667.39	30 638.21	2	45.90	6
11	2K	64 180	25 669	30 802.8	787.39	30 015.41	5	38.12	8

注：土豆种子大量批发价1元/kg（1hm²顷4 500元），尿素1.06元/kg，稀土磷肥0.8元/kg，氯化钾1.2元/kg，土豆1.2元/kg

（4）试验结论　氮素、磷素、钾素三要素中，氮素的增产幅度大于磷、钾素，那么在极缺氮时，施氮素其增产幅度就更大。在本试验中依照平衡施肥原理，推荐1hm²施氮90kg，不施磷，施钾135kg的设计N90、P15、K120处理，实验结果是施氮135kg产量最高，施氮180kg产量居二；施氮90kg，施磷15kg，施钾180kg，产量排第三位；按推荐量氮90kg，钾135kg的产量、增收、净增收、利润率四项均排第四位。这一结果证明，按平衡施肥原理设计的施肥量（推荐量）是最佳量，在这个最佳量的基础上，如果求增收，氮素可再增施，如果求利润率，投肥资金多的肥料应适当减少。这里值得注意的是求高产、高增收，利润率就低；求利润率高，增收相对就不是最多，只有最佳施肥量的增收和利润率都相对比较高。

3.5.1.5.2　2008年度土豆平衡施肥试验

（1）试验材料　同2007年度。

（2）试验方法　同2007年度，试验处理中钾素由2007年的120kg/hm²增加到 140kg/hm² 。

（3）试验结果

①定性试验中最佳处理产量 62 990 kg 最高，（彩图 62、彩图 63）增收 21 089元，净增收 20 501.61元最多，利润率 34.90 元，居第二位；氮磷配合产量 60 267kg，增收 18 366元，净增收 18 058元，居第二位；利润率 58.75 居第一位，缺氮处理产量 38 066kg（彩图 64、彩图 65）为最低，比对照（彩图 66、彩图 67）减产，对土豆产量影响最大。缺磷处理的增产量下降幅度比缺氮的较小（彩图 68、彩图 69），缺钾对土豆产量有影响，略好于缺氮（彩图 70~72）。

②氮肥定量试验中以氮 135kg，磷 15kg，钾素 140kg（彩图 73~74），产量 67 197kg 是第一位，增收 25 296元，净增收 24 604.91元，也是试验中最多的一个处理，但利润率是整个试验的第二位，为 35.6 元/元。

③钾素定量试验中以钾素 280kg 时产量最高，产量为 63 113kg，增收 21 212 元，居第二位，利润率居第六位（表 101）。

④最佳处理单位面积产量是 62 990kg，增收 21 089元，排第三位；距第一位 3/2N 的处理 67 197kg 低 4 207kg，距第二位 2K 的处理 63 113kg 低 123kg；最佳处理净增收 20 501.61 元排第二位，距第一位的 3/2N 处理的 24 604.91 元低 4 103.3元；最佳处理的利润率是 34.90%，排在第三位，距第一位的缺钾 58.75 元低 23.85 元，距第二位的 3/2 的 35.6 元低 0.7 元。

（4）试验结论　2007 年和 2008 年两年土豆平衡施肥试验，不施氮素（施磷钾素）的土豆单位面积产量最低，当氮素施到 135kg 超出推荐量的 1/2 时产量最高，不施钾素产量是第二低，施钾到 180kg 超出推荐量的 1/2 时土豆产量为第二位。说明农田生产第一限制因素是缺氮；第二限制因素是缺钾。

试验结果与土壤养分吸附分析结果相吻合，按推荐施肥量比较科学，化肥投入较少（施肥量较小）收入相对较多，经计算净收入除以投入比值利润率较高。2007 年每投入 1 元，净增收 55.43 元；2008 年每投资 1 元，净增收 34.90 元；对于农民来说投产比即利润率是核心内容，以较少的投入换取最多的利润是主要的。因此，掌握土壤养分现状，按推荐量平衡施肥应是当前农业施肥的首选。

3.5.1.5.3　土豆平衡施肥示范

2008 年，在乃东县结巴乡门宗村进行了 20 亩土豆平衡施肥培训（彩图 75）示范，按中国农业科学院土肥研究所中加试验室吸附分析推荐施肥量每公顷施氮素 90kg、钾素 140kg，我们又增加了每公顷施磷素 15kg 在播种时一次性施入田

表101 2008年土豆平衡施肥试验结果

处理	项目	产量（kg/hm²）	产值（元）	增收（元）	增收 组位次	增收 总位次	化肥投入 金额（元）	净增收入（元）	利润率 比值（%）	利润率 组位次	利润率 总位次
定性试验 1	CK	41 901	41 901								
2	N90 P15 K140	62 990	62 990	21 089	1	3	587.39	20 501.61	34.90	2	3
3	P15 K140	38 066	38 066	-3 835			380	-4 215	-11.09		
4	N90 K140	51 110	51 110	9 209	3	8	487.39	8 121.61	17.89	3	8
5	N90 P15	60 267	60 267	18 366	2	5	307.39	18 058.61	58.75	1	1
氮定量试验 6	N45 P15 K140	57 842	57 842	15 941	3	6	483.7	15 941	33	3	4
2	N90 P15 K140	62 990	62 990	21 089	2	3	587.39	20 501.61	34.90	2	3
7	N135 P15 K140	67 197	67 197	25 296	1	1	691.09	24 604.91	35.6	1	2
8	N180 P15 K140	56 009	56 009	14 108	4	7	705.78	13 402.22	18.99	4	7
钾定量试验 9	N90 P15 K70	46 655	46 655	4 754	4	9	447.39	4 306.61	9.63	4	9
2	N90 P15 K140	62 996	62 990	21 089	2	3	587.39	20 501.61	34.90	1	3
10	N90 P15 K210	61 826	61 826	19 925	3	4	727.39	20 361.61	27.99	2	5
11	N90 P15 K280	63 113	63 113	21 212	1	2	867.39	20 344.61	23.45	3	6

注：1. 尿素 1.06 元/kg，氯化钾 1.2 元/kg，稀土磷肥 0.8 元/kg，土豆种子大量批发价 1 元/kg，土豆在莱市场、街摊上零售价 2.2 元/kg，农贸市场批发价 1 元/kg

2. 利润率的计算是由每公顷土豆的产量乘以市场上大量批发最低价得出产值，再后减去对照的产值得增收，再从增收中减去化肥投入的金额得净增收，最后把净增收被化肥投入金额除得利润率中，彩图 77~80 以农民传统（也是政府配给的化肥量）氮素 90kg、磷素 90kg，这个氮、磷 1:1 的比例的施肥为对照 100 亩。彩图 76、彩图 77 为 3 月 15 日播种，9 月 5 日田间收获，召开群众现场会（彩图 75、彩图 81），示范和对照各取 3 个点，每个点 9m²，对照产土豆 3.2kg/m²，示范 6.3kg/m²，换算成每亩对照 2 133.4kg，32 001kg/hm²，产值为 32 001 元，示范每亩产土豆 4 200.2kg，63 003 kg/hm²，产值 63 003 元，较比对照增产 31 002kg，增收 31 002 元。

传统的对照化肥投入 N（90kgN = 180 斤氮素 ÷0.46 含量 = 391.3 斤尿素 × 0.53 元 = 414.78 元）+ P（90kg = 180 斤磷素 ÷0.12 含量 = 1 500 斤稀土磷肥 × 0.4 元 = 600 元）= 1 014.78 元。示范的化肥投入 N414.78 元 + P（15kg = 30 斤 ÷0.12 含量 = 250 斤 ×0.4 元）100 元 + K（120kg = 240 斤 ÷含量 60% = 400 斤 × 0.6 元）240 元 = 754.78 元。传统对照 32 001 元 − 1 014.78 元 = 30 986.22 元化肥投入净增收，利润率（30 986.22 元 ÷ 1 014.78 元）为 30.53%，示范 63 003 元 − 754.78 元 = 62 248.22 元净增收，利润率（63 003 元 ÷ 754.78 元）为 82.47%。

示范和对照的拔草，灌水等田间管理都是一样的，两者可抵消。

示范的利润率 82.47% 比对照的利润率 30.53% 高 1.7 倍，20 亩大田。

示范证明这个土豆平衡施肥试验结果是科学的、有价值的、可靠的。

3.5.1.6　土壤养分限制因子研究与平衡施肥小结

①根据 1999~2008 年 10 年的试验研究查明，西藏目前的耕地土壤极缺氮，不缺磷，缺钾，施氮将大幅度增产增收，施钾的增产增收幅度次于施氮，磷肥施多施少或者不施对单位面积产量影响不是很大，彻底地改变了全区 1990 年结束的土地资源调查时所得出的极缺磷，不缺钾，缺氮情况。

②按中国农业科学院土肥所中加试验室对土壤吸附分析结果，推荐的施肥量是最佳施肥量，化肥投入较适宜（较少），增收、净增收、利润率较高，建议那些土壤磷素含量水平在中等以上地方的农田尽量少施或者缓施磷肥，减少磷肥施用数量也减轻农民负担，省下买磷肥的钱用来买钾肥，不增加化肥投入而大幅增加收入，调整化肥购进结构和比例，改变过去的 N、P、K 比例 1:1:0 为 6:1:5，努力做到农田中缺什么养分补什么养分，缺多少补多少。

③造成目前耕地土壤养分极缺氮、不缺磷、缺钾的原因，主要是近些年农民以氮磷比例 1:1 地购施化肥，磷素属惰性元素，迁移率很低，再加上作物利用率也很低，最高达 20%，其余 80% 以上因为连续十多年的大量施用，大量地残

留在土壤中积累起来，形成磷素富积现象。尤其像堆龙德庆一些比较富裕的县，施肥量较高，土壤中磷素积累多，含量比较高；因为人们都认为不缺钾，农资公司不进钾肥，农民不施钾肥，连有机肥施用量也在大幅度减少，加上大面积推广高产作物品种，钾素不仅每年都有大量的消耗，而连续多年不补充，便出现了由原来的不缺钾变成现在的缺钾；氮素营养不仅农民施用量不多，每亩地最多施20kg，因为施用方法不科学，利用率仅为20%，作物能利用到的氮素也就是2~4kg，加上土壤里能提供5~6kg，两项加起来约8~10kg，怎么能满足500kg小麦所需15kg氮素，因此出现了由原来的缺氮变成极缺氮。

④西藏耕地土壤养分限制因子研究与平衡施肥项目，找到了西藏目前耕作土壤养分限制因子，解决了平衡施肥难题，达到了项目预期目的，建议土壤富磷含量区减少或缓施磷肥，把这个钱用到购买氮肥或钾肥，增加氮肥和钾肥的施用量和提高氮肥施用技术，提高氮肥利润率。

3.5.1.7 平衡施肥

依照中国农科院土壤肥料研究所中加实验室所做土壤养分吸附分析平衡施肥推荐量与土壤养分含量系数关系计算列公式。

（1）平衡施肥举例 按照形成目标产量时所需吸收的总养分含量减少土壤中能提供的含养分量乘以应用肥料提供的养分含量数，除以化肥利润率。具体公式为 $F = A (1 \sim S\%)/B/Fu$，式中 F 为某种元素化肥预测量；A 为形成目标产量时所需吸收的养分总量；S 为地力提供的养分成数；B 为某化肥有效养分含量；Fu 为某一化肥的利用率。由土壤提供的基础地力产量一般为50%~70%，本预测法以 S=37% 计算；氮、磷、钾化肥平均利用率 Fu 分别以30%、20%、60% 计算，不同作物形成百千克经济产量时所需吸收的氮磷钾养分不一样。

例如，乃东县结巴乡门宗村的土豆种植示范地（彩图83~84）。

土豆每形成100kg产量所吸收养分量是氮0.48kg、磷0.08kg、钾0.71kg，我们的目标产量3 000kg，3 000÷100=30，那土豆目标产量/kg所需养分数是每100kg的吸收养分量的30倍，即0.48kg×30需氮14.4kg、磷2.4kg、钾21.3kg，这是土豆目标产量3 000kg所需的养分数，那么土壤能提供多少呢。经取土化验，土壤里氮磷钾有效成分分别是44.3mg/kg、42.2mg/kg、42.1mg/kg，经过换算耕层20cm计算（$667m^2$ 30万 kg折算），氮44.3mg/kg×30万 kg=1.429kg，那么目标3 000kg产量需氮14.4kg减去土壤能提供的1.43kg相当于我们施肥的养分氮14.4-1.43=12.97kg。

按前些年试验结果，西藏氮化肥利用率为30%计算，3 000kg土豆目标产量需施尿素12.97kg÷（尿素含氮46%）0.46÷（化肥利用率30%）0.3 = 187.97斤 = 93.99kg/亩尿素。

如果计算青稞施氮肥量，目标产量300kg，青稞每形成100kg需2.73kg氮，300kg需8.19kg，土壤中提供1.43kg，需补充施氮素的是8.19 - 1.43 = 6.76kg，尿素含氮量46%，氮化肥利用率为30%，计算每亩应施48.98kg尿素。如土壤中能提供150mg/kg氮，150mg/kg×30万kg = 4.5kg，8.19 - 4.5 = 3.69kg÷0.46÷0.3 = 26.7kg，每亩生产300kg青稞目标，补施氮素3.69kg换算为26.7kg尿素，其他（如磷）养分量预算以此类推。

（2）化肥需求量的预测或预算　作为一个生产单位，按照耕地播种面积及农作物播种计划，有各个地块土壤养分测土结果，就可以按你目标产量预算化肥的需求量，做财政预算化肥的投入资金，这样就可以有的放矢地指挥农业生产，尤其是化肥和粮食产量（表102）。

（3）平衡施肥中作物需养分、土壤中供养分、施肥换算方法　例如，拉萨市曲水县在2011年计划播种青稞3万亩，计算目标产量是亩产300kg，农业常用数据手册上查找"农作物需求养分量"，每形成百千克产量青稞（麦类作物）所需N是2.63kg、P_2O_5是0.75kg、K_2O是2.18kg；300kg的目标产量则需N是7.89kg、需P_2O_5是2.25kg、需K_2O是6.54kg，经过土壤养分吸附分析，或者化验结果是每千克土壤中含N量是110mg/kg，即百万分之110，每亩以20cm深，30万kg土壤计算，每亩含N量3.3kg，7.89kg减去土壤提供的3.3kg，应补施养分4.59kg氮，尿素含氮46%，尿素在西藏的化肥利用率为30%（4.59×2/0.46/0.3/2）= 33.3，换算后，每亩施尿素33.3kg。

土壤中含速效磷15mg/kg，同按每亩30万kg土壤计算每亩含P_2O_5 4.5kg，青稞生产300kg需2.25kg P_2O_5，不需补施磷肥。

土壤中含速效钾130mg/kg，30万kg土壤中含速效钾3.9kg，生产300kg青稞需要K_2O 6.54kg，尚缺2.64kg速效钾，需要补施2.64kg，氯化钾含K_2O 60%，氯化钾在西藏的利用率为60%，需补施氯化钾肥，即7.3kg。

以上是每亩平衡施肥的方法和施肥量，有了这个基础算法，结合全县土壤肥力状况，就可计算每年计划播种作物和这个作物面积所需用的化肥购进和施用的总数量。

例如，曲水县计划播种青稞3万亩，按上述土壤养分水平，尿素需

表102 平衡施肥中养分与化肥的换算（曲水县为例）

项目 作物	目标产量	形成100kg所需养分 (kg)			亩需养分数量 (kg)			土壤能提供的养分数量 (mg/kg)			折合亩数量 (kg)			推荐施肥量 (kg/亩)			折算亩施肥数量 kg			播种面积（亩）	预购化肥数量		
		N	P_2O_5	K_2O	N	P_2O_5	K_2O	N	P_2O_5	K_2O	N	P_2O_5	K_2O	N	P_2O_5	K_2O	尿素46%利用率30%	二铵46%利用率20%	氯化钾60%利用率60%		尿素（万kg）	二铵（万kg）	氯化钾（万kg）
青稞	300	2.63	0.75	2.18	7.89	2.25	6.54	110	15	130	3.3	4.5	3.9	4.59	0	2.64	33.30	0	7.3	30 000	99.78	0	21.9
小麦	350	2.5	0.6	2.2	8.75	2.1	7.7	110	15	130	3.3	4.5	3.9	5.45	0	3.8	39.50	0	10.6	10 000	39.5	0	10.6
油菜	150	4.75	1.9	3.29	7.13	2.85	4.94	110	15	130	3.3	4.5	3.9	3.83	0	1.04	27.8	0	2.9	5 000	13.9	0	1.4
土豆	2 500	0.96	0.8	2.3	24	20	57.5	110	15	130	3.3	4.5	3.9	20.7	15.5	53.6	150	168.5	148.9	1 000	15	16.84	14.9
大蒜	1 500							110	15	130	3.3	4.5	3.9										
合计																			4.6		168.19	16.84	48.8

注：
1. 农作物形成百千克所需养分，依据实测数摘抄
2. 土壤提供是作物需养分，依据土壤养分吸附分析值直接乘以每亩耕地表层（20cm）重量30万kg换算得来
3. 推荐施肥量是目标产量乘以形成百千克所需养分量得苗需养分量减去土壤提供（测得含量）
4. 亩施化肥量是推荐施养分量千克变成市斤，再除以化肥养分含量，再除以多年试验所得利用率

（33.3kg/亩×30 000亩）99.78万kg=997.8t，氯化钾需（7.3kg/亩×30 000亩）21.9万kg=219t，不需购进磷肥。

小麦计算播种1万亩，如果是同样的土壤肥力水平（按土壤肥力水平米计算施肥水平），需尿素（39.5kg×10 000亩）39.5万kg=395t，需氯化钾（10.6kg×10 000亩）=10.6万kg=106t，磷肥不足。

计划播油菜5 000亩，需尿素（27.8kg×5 000亩）13.9万kg=139t；需氯化钾（148.9kg×1 000亩）1.4万kg=14t；计划中尿素（150kg×1 000亩）15万kg=150t；需氯化钾（148.9kg×1 000亩）14.9万kg=149t。

把计划播种青稞、小麦、油菜、土豆面积所需的尿素、氯化钾，磷酸二铵的数量累加起来，就是该县2011年化肥预算总数量，即尿素168.18万kg即1 681.8t，氯化钾48.83kg即488.3t，再分别按化肥价格计算得出2011年化肥总投入资金。这样十分清楚掌控施肥数量、资金投入、粮食总产动态情况和趋势，达到有的放矢地指挥和安排农业资金和生产的目的。

3.5.2　测土配方施肥

自治区农牧厅根据农业《测土配方施肥技术》，从2007~2009年3年时间对拉萨、山南、林芝、日喀则、昌都5地（市）计25个农业县耕地进行了取样测土18 210个，测试样品17 863个，进行土壤养分的常规8项分析，获取13万多个数据，较全面地调查了西藏主要农区土壤的养分状况，基本摸清农田土壤养分状况。

3.5.2.1　测土方法

在已确定的乡村农田测土，先在控制面积比例条件下，到农田实地取土样，如果是100亩取一个样测土，那么你就在每100亩面积取一个土样，方法是在100亩面积的农田上，采用对角线或十字线或V字形取5~7个点的0~20cm，厚5cm耕作层土放到一起，或者有当地田块户主参与的条件下，有代表性地选上等田块、中等田块、下等田块各两个点取样放到一起，充分混拌均匀，把石头块、草根、枯叶、瓦片、植株根、秸秆、侵入体、牛羊粪便等拣出去，保证取样纯土，有代表性，把土铺成圆形铺平，用四分法（用木棍在铺平的土样上均匀地划十字线，把十字线的一半的对角部分拿掉，再混拌均匀，再铺平，再划十字线，再把十字线的一半的对角部分拿掉，直至剩下1kg的重量时止），装进事先准备好的布袋内，同时写好标签，标签的内容是取样时间、乡、村地点，田块的户主姓名，取样深度，取样人，海拔高度，地表坡度，地表有无植被，前茬作物及亩产量，现作物及亩产量，施肥种类，施肥数量，品种，灌溉情况，年均温度，降水量等。取回土样后放在阴凉地方让其自然风干，然后用磨石体磨碎过0.01mm 的尼龙筛子，同样写好标签装到袋内一份，放在系袋绳上一份，以防止土样混错。送往进行分析化验地方，登记，让具有专业技术分析工作人员进行按指定的化验项目进行逐项测试。

3.5.2.2 测土结果

以日喀则地区、拉萨市、昌都地区 3 地（市）16 个县为例，其取土样11 997 个（表 103）。其中，3 764 个土样测了土壤速效氮（水解氮），11 997 个测好速效磷和速效钾。

3.5.2.2.1 速效氮

在 3 764 个速效氮测试中，达 120mg/kg 以上，即丰富水平的土样有 384 个，占 3 764 土样的 10.2%，含量在 60～120mg/kg，即中等水平的有 1 330 个，占总数 35.3%，小于 60mg/kg，即缺少水平的有 2 049 个，占 54.4%，可以说这 3 个地（市）16 个县耕作土壤总体属缺氮水平。

（1）中等水平县 曲水县属中等水平，因为该县中等速效氮含量占 83.2%，上等水平占 13.5%，合计中上水平占 96.7%。堆龙德庆县属中上水平，该县中等水平占 78.8%，上等水平占 20.4%，中上水平合计占 99.2%。

（2）缺氮素县 白朗县、南木林县、芒康县耕作土壤中水解氮含量小于60mg/kg 的样品分别有 88 个、130 个、16 个，占其总数 162 个、191 个、27 个的53.3%、53.9%、59%。

墨竹工卡县、达孜县、林周县、昂仁县土壤中水解氮含量少于 60mg/kg 的样品分别有 101 个、92 个、221 个、239 个，占总数 240 个、205 个、470 个、489个的 42%、44.9%、47%、48.9%。

萨迦县、拉孜县、日喀则市土壤水解氮含量少于 60mg/kg 的样品分别有 156个、134 个、206 个，分别占总数 230 个、198 个、372 个的 67.8%、67.7%、71.5%。

（3）氮素极缺县 江孜县、定日县、谢通门县耕作土壤中水解氮含量少于60mg/kg 的样品分别有 290 个、193 个、93 个，分别占总数 323 个、216 个、103个的 90%、89.4%、90.3%。

表103　全区测土部分地县土壤养分状况

地	县	速效氮（mg/kg）							速效磷（mg/kg）							速效钾（mg/kg）						
		样品总数（个）	≥120 个	≥120 比例(%)	120~60 个	120~60 比例(%)	<60 个	<60 比例(%)	样品总数（个）	≥20 个	≥20 比例(%)	20~5 个	20~5 比例(%)	<5 个	<5 比例(%)	样品总数（个）	≥150 个	≥150 比例(%)	150~50 个	150~50 比例(%)	<50 个	<50 比例(%)
昌都	昌都县	70	7	10	15	21	48	68.6	151	22	14.6	63	41.7	66	43.7	151	121	80	23	15.4	7	4.6
	芒康县	27	6	22	5	18	16	59	332	213	64.2	104	31.3	15	4.5	332	227	68.4	102	30.7	4	12
拉萨市	曲水县	208	28	13.5	173	83.2	7	3.4	633	44	6.95	473	74.7	116	17.4	633	63	10	539	85.2	31	4.9
	墨竹工卡县	240	49	20.4	90	37.5	101	42	807	148	18.3	516	63.9	143	17.7	807	11	13.6	585	72.5	211	26.1
	达孜县	205	40	19.5	73	35.6	92	44.9	697	35	5	444	63.7	219	31.4	697			367	52.7	331	47.5
	堆龙德庆县	260	53	20.4	205	78.8	2	0.8	827	81	9.8	610	73.8	136	16.4	827	11	1.3	627	75.8	189	22.9
	林周县	470	62	13.2	187	39.8	221	47	1134	110	9.7	556	49	468	41.3	1134	150	13.2	933	82.3	51	4.5
日喀则地区	江孜县	323	1		32	10	290	90	1069	62	5.8	871	31.5	136	12.7	1069	35	3.3	685	64	349	32.6
	萨迦县	230	23	10	51	22.2	156	67.8	746	31	4.2	352	47.2	363	48.7	746	58	7.8	432	57.9	256	34.3
	拉孜县	198	15	7.6	49	24.7	134	67.7	780	65	8.3	521	66.8	194	24.9	780	66	8.5	451	57.8	263	33.7
	南木林县	191	23	12	65	34	103	53.9	742	128	17.3	485	65.4	129	17.4	742	60	8	488	65.8	194	26
	白朗县	162	3	2	71	43.8	88	54.3	850	45	5.3	621	73	184	21.6	850	41	4.8	554	65.2	255	30
	昂仁县	489	61	12.5	189	38.7	239	48.9	746	61	8.2	439	58.8	246	33	746	204	27.3	440	59	102	13.7
	定日县	216	1		22	10	193	89.4	697	110	15.8	485	69.6	102	14.8	697	279	40	384	55	34	4.9
	谢通门县	103	1		9	8.7	93	90.3	552	146	26.4	279	50.5	129	23	552	55	10	424	76.8	73	13.2
日喀则市		372	11	3	94	25.3	266	71.5	1234	105	8.5	785	63.6	344	27.9	1234	64	5.2	660	53.5	510	41.3
合计		3764	384	10.2	1330	35.3	2049	54.4	11997	1404	11.7	7757	64.7	2978	24.8	11997	1445	12	7694	64.1	2860	23.8

注：2007年自治区农牧厅农业技术推广中心承担了农业部测土配方施肥项目，自治区农牧科学院测试中心化验分析。

3.5.2.2.2　速效磷

11 997个土样测了速效磷，速效磷含量达到20mg/kg以上（丰富水平）的有1 404个，占总数11.7%；含量在5～20mg/kg（中等水平）的有7 757个，占总数的64.7%；含量小于5mg/kg的有2978个，占总数的24.8%；可以说整体农田土壤速效磷含量在中等水平偏低一点。

（1）速效磷较丰富县　芒康县速效磷含量大于20mg/kg以上的土样有213个，占该县总数332个的64.2%，5～20mg/kg，即中等水平的有104个，占总数的31.3%，中上等这两项占总数的95.9%。

（2）速效磷中等水平县　拉萨市曲水县、堆龙德庆县、日喀则地区的江孜县、白朗县属于中等水平，因为他们速效磷含量在5～20mg/kg的百分比分别在74.7%、73.8%、81.5%、73%。

（3）速效磷属于中等偏下县　墨竹工卡县、达孜县、拉孜县、南木林县、定日县、日喀则市，中等水平含磷量分别在63.9%、63.7%、66.8%、65.4%、69.6%、63.6%；小于5mg/kg的分别占17.7%、31.4%、24.9%、17.4%、14.8%、27.9%。

（4）属于缺磷县　昌都县、林周县、萨迦县，含磷量在20～5mg/kg的分别占41.7%、49%、47.2%，小于5mg/kg的分别占43.7%、41.3%、48.7%。

3.5.2.2.3　速效钾

测定的11997个耕地土壤样品中，速效钾含量在150mg/kg以上的有1 445个，占总数的12%；含量在50～150mg/kg的有7 694个，占总数的64.1%；含量少于50mg/kg的有2 860个，占总数的23.8%，可以说属于偏缺钾水平，具体到各个县有所差异。

（1）较丰富含量县　昌都县耕地土壤含速效钾含量大于150mg/kg的样品有121个，占总数151个的80%；含量在50～150mg/kg的有23个，占总数的15.4%，中上水平的占95.4%。

芒康县土壤速效钾含量大于150mg/kg的样品有227个，占总数332个的68.4%；含量在50～150mg/kg之间的有102个，占总数的30.7%，中上水平的占99.1%。

（2）属中等水平县　墨竹工卡县速效钾含量在50～150mg/kg的样品有585个，占总数807个的72.5%；大于150mg/kg的占13.6%，中上等水平占86.1%。

林周县速效钾含量在 50～150mg/kg 的样品有 933 个，占总数 1 134 个的 82.3%；大于 150mg/kg 的占 13.2%，中上等水平的占 95.5%。

昂仁县速效钾含量在 50～150mg/kg 的样品有 440 个，占总数 746 个的 59%；大于 150mg/kg 的样品有 204 个，占 27.3%，中上等水平占 86.3%。

定日县速效钾含量在 50～150mg/kg 的样品有 384 个，占总数 697 个的 55%；大于 150mg/kg 的有 279 个，占 40%，中上等水平占 95%。

谢通门县速效钾含量在 50～150mg/kg 的样品有 424 个，占总数 552 个的 76.8%；大于 150mg/kg 的样品有 55 个，占 10%，中上等水平占 86.8%。

（3）缺钾县 达孜县速效钾含量在 50～150mg/kg 的样品有 367 个，占总数 697 的 52.7%；小于 50mg/kg 的样品有 331 个，占总数的 47.5%，中下水平的占 100%。

江孜县速效钾含量在 50～150mg/kg 的样品有 685 个，占总数 1069 个的 64%；少于 50mg/kg 的样品有 349 个，占总数的 32.6%，中下水平的占 96.6%。

萨迦县土壤速效钾含量在 50～150mg/kg 的样品有 432 个，占总数 746 个的 57.9%；少于 50mg/kg 的样品有 256 个，占总数的 34.3%，中下水平的占 92.2%。

拉孜县速效钾含量在 50～150mg/kg 的样品有 451 个，占总数 780 的 57.8%；少于 50mg/kg 的样品有 267 个，占总数的 33.7%，中下水平的占 91.5%。

南木林县速效钾含量在 50～150mg/kg 的样品有 488 个，占总数 742 个的 65.8%；少于 50mg/kg 的样品有 194 个，占总数的 26% 中下水平的占 91.8%。

白朗县速效钾含量在 50～150mg/kg 的样品有 554 个，占总数 850 个的 65.2%；少于 50mg/kg 的样品有 255 个，占总数的 30%，中下水平的占 95.2%。

日喀则市速效钾含量在 50～150mg/kg 的样品有 660 个，占总数 1 234 个的 53.5%；少于 50mg/kg 的样品有 510 个，占总数的 41.3%，中下水平的占 94.8%。

以上是西藏自治区农牧厅农技推广中心 2007 年测土结果。

3.5.2.3 配方施肥

自治区农牧厅农业技术中心从 2009 年开始做配方施肥试验，2009 年、2010 年两年的试验尚保密，没有公布，约将继续试验到 2011 年，在 2012 年拿出配方施肥试验结果以指导西藏农业生产，笔者认为，配方也肯定是依照农作物需肥减去土壤供肥再人为补施肥，按照农作物养分平衡原理，采用配方的方法，满足作物高产需肥要求，究其实质与平衡施肥没有什么本质上的区别，只是时隔7年之后，以又一名字出现，具体配方等试验结果。

3.6 影响化肥利用率因素及方法

化肥利用率的高低是衡量一个地区科学施肥水平的重要标志。随着西藏自治区经济建设的飞速发展，化肥已成为该区农业生产中最主要的增产手段。全国化肥销售量已居世界第一位，然而在化肥利用率上平均只有30%~40%，与发达国家的50%相比还有很大差距。西藏的化肥销售量很低，化肥利用率更低，化肥利用率比较低的原因是多方面的，除化肥品种结构不尽合理、低含量、农业基础设施差外，施用化肥不科学、盲目性也是造成化肥利用率低的一个重要原因。化肥利用率低不仅造成化肥资源的严重浪费，而且对加重局部环境污染，降低土壤肥力以及农作物产量和品质等都有极大的影响。因此，提高化肥利用率是西藏自治区农业生产中一个亟待解决的问题，希望基层各级政府给予关注并采取行政和技术措施，因为它涉及农民增收、节支、农产品质与量和再生产环境等一系列问题。

3.6.1 化肥利用率公式

能直接影响化肥施用经济效益的，除了化肥与粮食比价因素外，主要是化肥的利用率，因为化肥利用率直接决定化肥施用的利润率，利用率高其利润率才能高。

下面引用肥料利用率计算公式，对上述试验中的施肥方法利进行用率演算。

$$肥料利用率（\%）= \frac{F_N（P_2O_5 \cdot K_2O）\times [Y_N（P_2O_5 \cdot K_2O）-Y对照]}{W_N（P_2O_5 \cdot K_2O）}$$

F——作物每形成百斤经济产量所需某养分数量，农业常用数据手册提供青稞，小麦 $N \rightarrow 1.5kg$、$P_2O_5 \rightarrow 0.5kg$、$K_2O \rightarrow 1.25kg$。

Y——作物产量

W——所施肥料中某养分总量

例如，乃东县在1996年、1997年两年冬小麦不同施肥方法（深度）的氮磷钾各5kg，在苗期表施于0cm后灌水和表施后松土（锄草）3cm再灌水的利用率比较。

先把氮磷钾各 5kg 在苗期表施 0cm 后灌水的施肥方法的产量带入公式计算利用率，对照平均亩产 258 ［（250 + 266）÷2］，亩表施氮磷钾各 5kg 的亩产量（273 + 300）÷2 = 286.5kg 代入公式：

$$\frac{(N3 + P_2O_51 + K_2O2.5) \times (286.5 - 258)}{5 \times 3} = \frac{6.5 \times 28.5}{15} = 12.35$$

化肥表施在 0mm 后再灌水的利用率为 12.35%。

再把氮磷钾各 5kg 表施后再松土（锄草）后灌水的亩产量（362 + 350）÷2 = 356 代入公式：

$$\frac{(N3 + P_2O_51 + K_2O2.5) \times (356 - 258)}{5 \times 3} = \frac{6.5 \times 98}{15} = 42.5$$

上述计算结果是化肥表施后灌水的利用率 12.35%，而表施后再松土或者锄草，把化肥混拌到表土的 3cm 处再灌水的利用率 42.5%。

结果表明，从前面同质同量同价同品种的化肥，因施用的方法，时期、深度不同，化肥的利用率不同，因化肥利用率不同，其施肥的作物产量不同，收益不同，单位面积经济效益、单位养分的利润率也不同。不论是历史还是现在人们从事的任何活动和事业都是追求效益（经济、社会、政治、生态等），而且这个效益越大越好（即投入越少、利益越大）这里就有个投入和利润的比值，叫利润率，对农事中的化肥施用，化肥的利用率直接左右化肥施用的利润率。

西藏农民传统、习惯的施用化肥方法比较落后，农民只图眼前的省时、省事、省力、方便、快捷、采用化肥撒到地表随后灌水，而不讲究化肥的利用率、不讲究施用化肥的利润率和施肥后的效果，做出一些劳民伤财、浪费的农事活动，致使农业增产不增收，甚至增产减收，又促进破坏土壤结构、污染环境。急需改变西藏农民施用化肥技术，改变传统和习惯的施肥观念，提高化肥利用率，

3.6.2 影响化肥利用率的因素

能直接影响化肥利用率的因素除施肥方法外，还有很多种，例如施肥的时间、农田原有土壤肥力基础、土壤的障碍因子、有机肥的数量和质量、土壤的酸碱度、土壤微生物等。下面选主要的因素加以讨论。

（1）土壤原有作物需要的营养肥力基础 土壤速效养分含量低，施化肥利用率相对高一些，例如，林周县甘曲乡的春小麦田，土壤速效氮含量 65mg/kg，贡嘎县杰德秀镇的油菜田速效氮 59mg/kg，自治区农科所四号地速效氮 70mg/kg，

按全国第二次土壤普查的养分划分等级都属极缺标准，它们在施氮利用率比较中是最高的，分别为 66.6%、61.4% 和 48%。相反的，乃东县克松村的冬小麦田速效磷含量为 20mg/kg，贡嘎县杰德秀镇油菜田的速效磷含量 25 mg/kg，在养分划分等级中属极丰富标准，施磷肥的利用率仅为 3.2% 和 2.4%，是利用率最低的。这一现象说明，要想提高化肥利用率，首先摸清土壤中养分含量基数，土壤中缺什么养分施什么肥，哪样养分缺得多、就针对要多施 一些，缺得少就少施、避免盲目施肥造成不必要的浪费。具体数据参考农业常用数据手册和西藏土壤普查数据。

（2）土壤障碍因子　土壤障碍因子轻与重或者多与少，都影响化肥利用率，例如，达孜县德庆乡的春青稞田，多砾石体沙壤土速效氮含量 108mg/kg，属中下等养分含量，因为多砾石体障碍因子，其化肥利用率为 30.6%，比相同土壤质地的自治区农科所 4 号地的速效氮含量 70mg/kg 沙壤土化肥利用率 48.6% 低18%。改造低产田主要任务是排除土壤障碍因子，如土壤板结、过酸过碱、障碍层、过砂、过黏等，提高化肥的利用率。

（3）有机肥的数量和质量　农田中施有机肥数量多、质量又好，再施化肥其化肥的磷钾利用率就相对低一些，如日喀则农科所春青稞地与乃东县克松村冬小麦地都是均质壤土，都是灌 4 次水，土壤速效钾含量相近（169.5mg/kg 与125mg/kg），因为日喀则亩施有机肥 1 500kg，比乃东县克松村亩施 1 000kg 多500kg，因此日喀则的钾化肥利用率为 20.5%，比乃东县的利用率 7.6% 高 1.6倍。这个事例告诉我们，施有机肥较多的田块可以少施化肥，或者说农田的土壤肥力主要靠增施农家有机肥为主，适当补充化肥的某一种营养元素，特别是磷钾化肥可以少施甚至在几年之内不施，即能提高农田单位面积产量，又大幅度减少化肥施用量，从而减轻农民负担、提高农业经济效益。

（4）土壤质地　土壤的质地沙或黏质，直接影响化肥利用率，因为土壤沙或黏的质地直接影响保肥效果，保肥的好坏就导致化肥的利用的多与少。例如，林周县北山前的紫色黏质土壤含速效钾 105mg/kg，乃东县克松村的均质壤土含速效钾 125mg/kg，两者含量相近，都属中下等级，施用同质同量同品种氯化钾，林周县的钾肥利用率为 48%，而乃东县的钾肥利用率仅为 7.6%，前者比后者的利用率高 6 倍还多，说明黏质土比壤质土保肥、化肥施在黏质土上比施在沙质土上利用率高。

（5）水　水是影响化肥利用率的重要因素之一，施了化肥不浇灌水，化肥几乎没有肥效（甚至还与作物争水、烧苗），例如，自治区农科所 4 号地的少砾石底砂壤土，达孜县的多砾石体砂壤土、扎囊县沙壤土，土性相近，土壤的氮养分含量（70mg/kg、108mg/kg、94mg/kg）也相差不大，可是它们的灌水次数差别很大，分别是 5 次、3 次、1 次，结果相应的氮化肥利用率分别为 48.6%、30.6%、11%。说明肥离不开水，肥的效果与水是紧密相关的。

（6）生育时期 同样的化肥在作物的不同生育期施用，对化肥的利用率影响比较大，从前面的冬小麦、春小麦不同时期施肥试验看，秋播的冬小麦（含冬青稞）施肥应以春天冬小麦返青的苗期追施为主，在秋播时多施有机肥少施化肥为辅的最佳，也就是说秋播作物化肥施用以春天返青后追肥这个时期效果最好，化肥的施用量在这个时期应占总量的 70% 以上为佳。春小麦（含春青稞、春油菜）的春播作物以播种时基施为最佳，播种时施化肥量应占总施化肥量的 70%，剩余的 30% 在苗期追施，秋播作物与春播作物不能在作物同一生育期施肥，生产的产量不同是化肥利用率不同的客观反应。

（7）营养元素比例 任何作物对营养元素的需要都有自己的比例，如不同的人对粮食、水、油、盐、肉、菜有不同的需求道理是一样的，人的营养比例失调会生病，作物营养比例失调会直接影响作物的产量，要想达到最高产、最佳效益，不仅要有丰富的营养，还要有适宜的比例，就像旧时代人们用竹板或木板拼的水桶一样，要想装满水桶水，必须桶的周围木板都一样高，而且没有缝隙，如果哪一块木板低了，这个桶内盛的水就整体地低到那块低板的那个水平，别的木板再高也没有用，因为它代替不了低板的作用，只有所有水桶的木板都一样高时，才能盛满水；作物的产量好比水桶中的水，只有作物养分整体比例协调了，每一营养元素都达到最适宜量，作物的亩产量才能高，所以作物所需的营养元素比例适宜与否，是影响化肥利用率的因素之一。

在谈作物或施用化肥比例问题时，请大家划清一个界限或者叫搞清一个问题，国内外各种常用数据手册、杂志、教课书上都明明白白地写着冬小麦一生中需氮、磷、钾量为 16.84∶5.4∶17.85kg 即 3∶1∶3，而不是施肥的比例 3∶1∶3，施肥的比例要根据土壤中养分含量基础来确定。例如，某土壤含速效氮 100mg/kg，计算 0~20cm 深 666.7m^2 土层的含速效氮养分总量为 15kg，可以满足 500kg 冬小麦的含氮量，从理论上计可以不施氮肥了；而该土壤中速效磷含量仅为 4mg/kg，折合亩含速效磷 0.6kg，按生产 500kg 小麦亩产需磷 5kg，还差 4.4kg，需施磷素 4.4kg，这样一算施氮磷肥的比例便成 0∶8.8 了。所以说施肥比例与作物需肥比例是完全不同的两回事。在拉萨西藏自治区农科所 4 号地冬小麦施肥的 3：1：3 比例增产幅度最大，但 2：1：2 的比例仅低 1 ~ 1.5kg，投产比（利润率）比 3：1：3 的高得多，春小麦是 2：1：2 的比例增产幅度最大，春青稞是以 3：1：2 施肥比例增产幅度最大，各地土壤中养分含量不一样、作物品种不一样，直接影响施肥比例，施肥比例适宜与否直接影响化肥的利用率。总之，施肥的比例主要依土壤养分含量基数和作物需肥数量而定，找准适宜作物生长土壤中供给与需求的差额以及各种养分的比例进行施肥，化肥的利用率就比较高。

（8）农艺措施或施肥方法　施肥方法或叫农艺措施，是影响化肥利用率一个重要方面，目前不论在西藏还是在内地，许多农民图省事，把化肥直接撒到田内、灌水或等雨水就了事，这种施肥方法的化肥利用率大打折扣，其利用率仅为 5% ~ 10%，有 80% ~ 90% 以上浪费掉了。相反，有的农民很珍惜用钱买回来的化肥，例如，同是追肥，他们把化肥撒到作物根附近，然后马上进行松土，还有的用马拉播种机追肥，也有的用铁扒子扒一遍，把化肥搅拌到土中或者混合到土中，这样施肥、松土或者锄草相结合，时隔半日，太阳把草晒死、再灌水，化肥利用率可以达30% 以上（其中，氮的利用率可以达 40% 以上，个别的达 50% 以上），同样的化肥品种施用同样的量，因施肥的方法、措施不同，田间作物反应大不相同，作物的单位面积产量也相差悬殊。讲究科学，注重方法，化肥的利用率、经济效益要好于习惯施肥许多倍。

3.6.3　提高化肥利用率方法

无论施有机肥、绿肥、无机肥，高利用率始终是我们以比较小的投入换取较大的利润为目标，尤其是化肥相对价格要高、含量高，如何提高化肥利用率是我们追求的目标，显得十分重要，我们在政府的主导及农技人员共同努力下，通过化肥品种优化配置，农业的农田、水利、肥料等基础设施建设，化肥的科学合理使用等手段，使西藏化肥在现有 20% ~ 30% 基础上再提高 10% 是完全可行的。仅以 2008 年西藏区施用 480 万 t 氮素肥计算，提高 10% 的化肥利用率就意味着增加 48 万 t 被植物利用的氮素，折合实物相当于节约 104 万 t 尿素，其社会效益、经济效益将是非常巨大的。

3.6.3.1　农田中化肥的去向

农田中氮肥的去向可分为 3 个部分，一是作物吸收，二是土壤中残留，三是损失。以氮肥为例西藏氮素肥只有尿素一种，中国科学院南京土境研究所朱兆良院士研究统计表明，小麦、大麦和元麦对氮肥的利用率为41%、30%、29%，损失的途径主要是氮的挥发、硝化→反硝化、淋溶和经流。在河南封丘、江苏丹阳、浙江富阳和江西鹰潭水稻田，移栽前混施碳铵和尿素的氮素气态总损失在45%~72%，氮素中氨挥发为9%~40%，表现硝化→反硝化损失为13%~41%（蔡贵信，1995），可以说氨挥发是导致氮肥总损失高低的主要因素。

同在河南封丘潮土旱作表施尿素处理的氨挥发量（188小时）高达施氮量的30%，总损失达45%；穴施6cm深使氨挥发至12%，总损失降至30%，对硝化→反硝化损失的影响则不大，分别为15%和18%。

西藏农田主要是旱田，水稻仅在墨脱、察隅有，但量很小，然而西藏的传统施肥与内地水田施肥有相似之处，西藏绝大多数农民小麦田和青稞田采用先灌满水再撒施尿素或者先地表撒尿素再灌水，这样就给氮素中氨的挥发创造了人为条件，再加上西藏追施尿素时正值6月份全年最高温，光照最强时节，尿素水解很快，是直接导致西藏化肥利用率低，仅在20%左右的主要原因。磷肥在全国都差不多，磷肥施到土壤中能被作物当季利用的最大30%~40%，一般在20%左右，主要成分被土壤固定和残留，条件好的可以持续利用几年，还有少部分流失，钾肥肥效在氮肥与磷肥之间。

3.6.3.2 提高氮肥利用率主要技术

（1）施用量的推荐 施肥适宜的推荐量有许多方法，例如，①供需平衡法，测定土壤耕作层有效养分含量，用作物需肥总量减去土壤供肥量得施肥量，这种方法只能做半定量的施肥，因为耕作层以下土层的供肥量没有计算，而且不同土壤不同田地之间的变幅都很大，因此说供需平衡法不够全面。②土壤有效性指标直接估算法；③以土定产，由产定肥法（周鸣铮，1987）；④平均适宜施肥法（朱兆良，1988）。施肥适宜量推荐各有依据，但都有不足之处，还是总结西藏50多年化肥试验研究，特别是近些年我们自己的经验。

（2）深施 化肥深施是目前提出的减少化肥损失、提高利用率的各种方法中效果最大，而且较稳定的一种，尤其是粒状氮肥，其作用主要是减少氨挥发和径流损失。据华北的试验结果，碳铵或尿素深施8~10cm，可比表施的肥高1倍左右（林葆、全继远，1991），据西藏1993~1996年化肥深施试验（关树森，1996），在小麦田化肥深施3~5cm，比表施的肥效提高2倍以上，可见化肥深施，特别是尿素深施是提化肥利用率，使农作物高产增效的有效措施。

（3）选最佳施肥时期 不论从内地，还是西藏区试验结果都表明，在农作物施用化肥中，以生长初期利用率较低，损失较高，这是由于作物生长初期的根系吸收能力低，地上部分的郁蔽度也低，氮损失的可能性大，因此在这个时期施肥量，特别是易挥发的氮肥要少。而在农作物生长旺盛期，由于作物根系发育已较好，吸收能力强，加之地上部分郁蔽度高而抑制了氨挥发，因而氮肥的利用率较高，损失率则较低，据张绍林（1989）统计，在小麦拔节期追施尿素，其氮素损失明显低于三叶期追肥的处理，磷钾肥相对比较稳定宜早施做基肥。

（4）掌握养分平衡施肥　主要指氮磷钾大量营养元素和钙、钠、镁及锌、钼、锰、铁等微量元素全面平衡，尤其是氮磷钾三大要素一定要配合好，缺少一样都会影响其他营养元素的利用率。从1951年西藏和平解放以来，农田土壤养分由未知到已知、由当时的有机质、全氮、速效氮含量较高，全磷、有效磷含量比较低、全钾、速效钾含量比较高经过全磷、速效磷比较高，缺钾、极缺氮几次转折，目前，全区测土配方施肥，测土已有了结果，配方还没有出来，约2013年有配方结果。根据1992~2008年中国与加拿大国际合作的"西藏耕地土壤养分限制因子研究与平衡施肥"项目结果表明，在缺磷的旱地上氮磷配合施用，可显著地提高氮素利用率，在极缺氮的农田上进行氮磷配合施用，能大幅度提高磷肥的利用率，并在增产效果上表现一定的正交互作用，在氮、磷的基础上施用钾肥可以获得明显的增产效果。这里主要是强调营养元素比例要协调，养分要平衡。

（5）扩大灌溉面积，肥水结合，提高肥料利用率　肥料是在水的参与下发挥作用的，肥随水走，肥料中养分是以水为动力，以水为载体，运行到植物体内的，所以要充分利用好四水（地表水、地下水、降水、土壤水）资源，发展灌溉是抵御干旱自然灾害行之有效的措施，应不断地扩大灌溉面积，常言道："有收无收在于水，多收少收在于肥"，所以肥水结合才能使农业丰收，最重要的是水促肥，提高肥料的利用率。

（6）有机肥与无机肥结合　化肥与有机肥混合施用效果比较好，已被很多农民及许多试验证明，尤其是氮肥、磷肥与有机肥相混合在农作物播种前结合耕翻，把肥料撒到田面，通过耕翻把肥料翻到耕层10~25cm处，其优点是氮肥有助于降低有机肥中的C/N比，促进有机肥的矿化，有机肥在分解过程中吸收化学氮、化学磷，减少氮肥的损失和磷肥被土壤固定。因为氮肥、磷肥与有机肥混合，被翻入耕作层由表至底的全层，使氮肥和磷具有分布深、匀，在供作物吸收利用时具有全生育期供肥稳，保持养分不易挥发和流失的"深、匀、稳、保"4个优点。与常规施肥相比，化肥的利用率可提高 10% ~ 15%，作物增产在 10% 以上。

在内地还有许多其他办法提高化肥利用率，例如，氮肥增效剂、高效涂层、脲酶抑制剂、硝化抑制剂等，不作介绍。

4　西藏肥料发展现状

4.1　有机肥

目前，西藏有机肥从数量上看，增加不多，仍然传统地把牛羊粪做成饼贴在墙上晒干做燃料（彩图82），因为乡村发展畜牧业，养鸡、养猪、养奶牛等的增多，有机肥也随之略有增加，但从质量上和施用上仍然没有多大的改变。

4.1.1　有机肥质量不高

受传统习惯影响，不论是家畜、家禽，还是人粪尿，圈粪都是散放和堆放，没有加盖土或者塑料进行密封、养分保存和促进发酵的做法，都直接堆放在家畜圈、家禽圈和厕所的旁边，不仅给环境带来气味的污染和占地方，而且养分也在风吹、雨淋、日晒中损失、挥发，污水流淌遍地，严重污染了人们饮用井水和生活用水，使有机肥的养分在原地就损失很多，当庄稼收割后，农民又把有机肥运往田地，在田地内又堆放（头年的10月至翌的4月）近半年时间，并且不加任何封闭（盖土等）措施，有机肥70%以上的速效性养分流失，大大地降低了有机肥的肥效，特别是氮素和可溶性的磷钾含量所剩无几，造成有机肥质量不高。这还算比较好的，尽管质量低一些，还有这些有机肥，每年多少还能为农田增加一些有机质，还有相当部分根本不施有机肥；连续几年不施有机肥，只施化肥。

西藏蔬菜地仅限于市、地、县周围少部分地区，在这一部分地区中80%是内地农民（特别是以四川省为主）租地种植露地蔬菜和大棚蔬菜，这部分人有机肥施用方法相对比较科学一些，一般情况下，把有机肥与少量的化肥（尿素、磷酸二铵、硫酸钾、氯化钾）混拌到一起，加少量的水堆放并加盖土或盖塑料布进行发酵和促进有机肥熟化处理，然后装塑料袋或尼龙袋待用，有机肥中的养分（氨态氮、硝态氮等）基本保存在肥料中，相对来讲有机肥的质量比较好，就是有机肥中迟效性养分也开始转化，有机质在分解，有机肥的肥效比较大田散放的要高得多。但这一部分占总的比重较小，大约为5%~10%。

4.1.2 有机肥施用方法陈旧

据农村田间实际观察和调查，96%以上农户在播种前把堆放在农田近半年时间的有机肥撒开，然后耕翻，个别农户在撒开有机肥之后再撒一些（10kg左右）磷化肥，算是有机肥和无机肥结合了。90%以上的农民没有科学施用有机肥的意识，普遍认为有机肥就是按旧方法施用，也只能这么施，甚至有个别年轻人说"这是我们老祖宗传下来的方法，我们世世代代都这么做的，不能改"，可以说农业大田上施肥方法相对落后。

在设施农业中，特别是塑料大棚蔬菜生产基地，内地农民在拉萨种菜施肥方法比较合理，他们通常把已经发酵过或已熟化的袋装有机肥施在播种的开沟里或移栽的坑穴中，并参混沟内或坑穴周围的湿土，然后封盖表土，据菜民说，基施土壤中的有机肥的养分足够种子和小苗前期所需的养分，它不仅直接"稳、匀、全、持续"提供蔬菜所需的养分，而且也为蔬菜根系及生长发育提供了舒适的水、肥、气、热良好环境，使蔬菜苗齐苗壮，移栽的缓苗快，成活率高。同样的肥料，经过农民简单加工，由粗肥变成细肥、精肥，再稍科学一点施用，把肥料中的有效养分集中，全程提供给作物，就大幅增加了肥料的质量，搞高了肥料的有效性和利用率。

因此，西藏目前有机肥的现状不容乐观，肥料的积造和有效性养分的保存问题比较大，速效性的养分挥发、损失比较多，有机肥虽然数量上比以前有所增加，但其质量上并没有提高，仍然是以粗肥占绝对多数，优质肥比较少，在有机肥施用方法上还是以传统的粗放的撒施后耕翻为主，对作物的利用没有做到集中供给，远不适应农作物生长发育中养分全、稳、匀、久供给高产高效的需要。

笔者于1992~1996年在林周县主持"林周县低产田改造综合技术研究"项目中提出"有机无机结合改造缺养型和板结型低产田"和"以无机促有机改造板结田和黏土田"，主要内容是先在播种前灌透水基础上增加有机肥施用量并均匀地撒于田面，把磷化肥和钾化肥也均匀地撒于田面，然后深耕30cm，人为造成土质疏松和有机与无机肥混合的耕作层，在播种时随种子再施氮化肥，形成作物生长发展全层（程）养分分布型，然后在"播种期和作物分蘖期至拔节期适量增加化肥施用量，促进作物生物产量，在收割时留高茬，把因多施无机肥所增加的作物秸秆产量部分（留高茬）留下来，然后及时进行耕翻30cm，把作物秸秆翻入耕作层，随后灌透水，让其腐烂，增加土壤中有机质含量，从而改造板结和粘土田的紧实结构土壤的物理性状。"以上两种作法的效果很好，一般都比对照增产60%以上，但推广面积极少。

有机肥的积造，包括堆肥、沤肥、圈粪、腐殖酸类肥等，有机肥施用的试验、研究成果不仅有，也比较多，但是在农业生产中被大量采用的、推广的不多，主要受传统耕作习惯影响，对新的技术还不认识，加上农民对党和政府的依赖（免费送给、支援、救济等）思想，稍有增加投入和稍有增加工作量的事，都等国家资助。

4.2　绿肥

西藏从1951年和平解放开始引进绿肥，截至2010年，引进各种绿肥品种600多种，其中，1953年引进39个，1960年引进48个，1963年引进400多个，其中禾本科39个，豆科360多个，1976年又引进23个豆科品种，截至1970年，共引进510个绿肥（含禾本科饲草）品种，筛选出260多个适宜西藏生长的，并能正常成熟收获种子可以在当地繁殖的有108个，同时也取得了大量应用成果。

4.2.1　已有绿肥引进、筛选、试验成果累累

西藏地区以自治区农牧科学院农业研究所和畜牧研究所为主的科研单位在近60年的累计，经过试种，筛选适宜西藏种植的有前苏联箭舌豌豆，中国农科院箭舌豌豆，东北箭舌豌豆，匈牙利箭舌豌豆，西藏乃东箭舌豌豆，澳洲箭舌豌豆，日本333箭舌豌豆，陕西箭舌豌豆，山西春箭舌豌豆，青海箭舌豌豆草原791、879、881，甘孜333/A箭舌豌豆，甘孜66-25箭舌豌豆，甘孜西牧334箭舌豌豆，甘孜本凡箭舌豌豆，白箭舌豌豆等40多种箭舌豌豆；东北常德苕子、四川家苕、华东江西苕子、华东毛叶苕子、光叶紫花苕子、茨花苕子、东阳苕子、早丰毛苕子、普通苕子、毛苕、苦苕子、新疆苕子等30多种苕子；美克里来苜蓿、西北苜蓿、印第安那苜蓿、前苏联黄花草木栖、武功白花草木樨等20多种苜蓿；东北农科院杂交豆、东北农科院大豆、北京植物园紫花羽扁豆、西藏小扁豆、昌都小扁豆、华东农科院黑豆、西北农科院黑兰、西北农科院红豆、西北农科院绿豆、拉萨豌豆、黑豌豆、褐豌豆、甘孜香豆、山南雪扎、大鹁鸪豌

豆、英国豌豆、扬州绿色草原豌豆、拉萨13号蚕豆、拉萨8号蚕豆、堆龙德庆雪莎、尼木雪莎、青海雪莎等40多种豆科绿肥；北京植物园筱麦、燕麦美127号、149号、察北燕麦、印度燕麦、东北燕麦1号、东北燕麦2号、勃利种燕麦、野雀麦、宝泉农场燕麦、意大利黑麦草、哈尔滨黑麦草、拉萨野燕麦等30多种禾本科绿肥，总计筛选出适宜西藏种植的有160多种即能收种子又有较高产品的鲜草堆沤、压青做绿肥，培肥地力，同时又可做鲜嫩青储的或晾晒干的优质饲草。

在引进筛选出的160多种适宜西藏种植的绿肥品种基础上，还进行了绿肥地上部分植株体内各种营养成分的化验分析，地下根瘤固氮量，提高土壤氮素含量的化验分析，与青稞、小麦粮食作物连作的进行对比，结果种植绿肥的田块通过生物培肥地力，土壤中的氮素含量大幅度提高，其后作有较大幅度地增产。

在肯定了绿肥能培肥地力，又是鲜嫩优质饲草的基础上，把绿肥作物与粮食作物、油料作物、经济作物进行了套复种组合，调整了种植结构，也改造了传统的麦类作物一统西藏农区的耕作制度，为西藏农牧业结合和发展提供了技术支撑。

4.2.2　绿肥的农业生产中应用情况不好

近些年来，随着调整种植结构和大农业结构，尤其是从2005年以来，各地区以发展畜牧业，发展奶牛，提高奶、肉类产品数量为目的，有计划地从农业粮食播种面积中划出一部分专门种豆科和禾本科饲草，例如，贡嘎县吉雄镇扎金村101国道路北大片平整保灌地全部种多年生苜蓿草；乃东县昌珠镇卡多村等把上千亩的农田改为苜蓿多年生草地；日喀则市、曲水县均有不同面积种燕麦草和苜蓿草专用饲草基地。笔者进行"西藏一年两收技术"研发的内容之一，仅有少部分农田搞粮绿轮作和粮绿套复种。在乃东县每年约有近1 000亩大蒜种植后复种箭舌豌豆混播油菜。筛选出160多种绿肥品种在西藏几乎绝种，目前种苜蓿草和箭舌豌豆、燕麦、雪莎等种子全部从青海、甘肃省重新调进，西藏当地根本没有绿肥种源，仅在西藏农牧科学院农业研究所品质室的种子资源库有极少量的保存种。

西藏的农牧业生产，历史以来就有依靠国家支援、党中央关心，各兄弟省、市帮助这一传统，现在随着国家富强，党和政府对农业重视和倾斜农业项目增多，原本正常的农业生产都被项目所代替了，例如改造低产田、良种推广、畜牧业饲草高产，拦河修水渠，牦牛改良、特色产业基地、人工种草等，国家不投资不搞，没有列入项目的不搞。导致过去许多科研成果装到档案里，锁在抽柜里，没有人去应用和推广，用乡镇、村干部话说"没有国家付钱的工作不干"由张庆黎书记的"安居工程演变成了国包农业，这种"等、靠、要"的思想不好。

4.3 化肥

4.3.1 化肥试验研究成果比较丰富

4.3.1.1 氮磷素不同施用试验

（1）青稞施氮素不同量试验结果

1963 年，在自治区农科所（七一农场）亩施 3kg 氮素，亩产 243.55kg，比对照亩产 185.25kg 增产青稞 58.3kg 为最高。单位养分增产青稞 9.65kg。

1973 年，在自治区农科所以猪厩粪 100kg，磷矿粉 10kg、氯化钾 10kg 基础上亩施氮素 4.5 ~ 6kg 时，青稞亩产 417 ~ 408kg 最高。比对照增产 112.5kg、翻 3 倍多，单位养分增产 8.25kg。

1983 年，在自治区农科所 3 号地亩施氮素 6.65kg 时青稞亩产 337.25kg，亩施氮素 10kg 时青稞亩产 343.55kg 最高，比对照增产 100 ~ 106.45kg，单位养分增产 7.5kg。

1992 年，在自治区农科所 4 号、6 号、7 号地亩施氮素 8kg 时青稞亩产量 270kg 最高。增产 104kg，单位养分增产青稞 6.5kg。

以上 4 个不同时期的不同氮素施用量试验表明，随着施肥量的提高，单位养分增产的效益在下降，由 1963 年亩施氮素 3kg、单位养分增产 9.65kg 青稞，变为 1992 年亩施氮素 8kg，单位养分增产 6.5kg，氮素的肥效呈下降趋势。

（2）磷素不同施用量试验

1979 年，无磷无氮亩产冬小麦 377kg、施磷 3kg 亩产冬小麦 433.85kg，单位磷素增产 6.6kg。

1983 年，无磷无氮春青稞 273kg，施磷 3.3kg 时，亩产 278.05kg，单位磷素增产青稞 6.2kg。

4.3.1.2 氮素不同施用时期试验结果

1964 春，青稞不同时期追施 N 的试验，分蘖时追施 1.5kg 氮素，亩产青稞

260kg、拔节时施亩产252kg，孕穗时施亩产244.25kg，分别比对照亩产205.5kg增产 54.5kg、46.5kg、38.75kg，单位养分分别增产春青稞 18.15kg、15.5kg、12.65kg。

1973 年，尿素根外追（喷）施5%试验，分蘖时施亩产387.5kg，拔节时施亩产 400kg，孕稳时施 428kg，分别比照亩产 315.25kg 增产 9.1%、12.57%、20.52%。

1976 年，青稞播种时基施 10kg 尿素亩产332kg，分蘖时施 10kg，亩产 374.5kg，比对照亩产 212.95kg 增产 119.15kg 和 161.75kg，单位养分增产 11.95kg、17.6kg。

1979 年，冬小麦在播种时施 10kg 尿素亩产 444.5kg，返春时施 10kg 亩产 532.5kg，分蘖时施亩产 494.5kg，拔节时施亩产 529.5kg，孕穗时施亩产 367kg，分别比孕穗亩产 367kg，增产 77.5 ~ 165.5kg，单位养分增产分别为 8.4kg、17.95kg、17.65kg。

1985 年，笔者在春青稞每亩 15kg 尿素在不同时期追施，10 个处理结果是分蘖施5kg，拔节10kg施亩产307.4kg，比对照亩产143.65kg增产163.75kg，增产幅度为114%，单位养分增产11.85kg；分蘖时施15kg亩产305.85kg，比对照增产164.2kg，增幅为112.9%，单位养分增产11.75kg；分蘖、拔节、孕穗时各施5kg、亩产291.35kg、增幅为102.8%，单位养分增产10.7kg；分蘖10kg、孕穗5kg亩产266.25kg，增幅为85.3%，单位养分增产8.9kg；拔节10kg、孕穗5kg亩产253kg，增幅为76%，单位养分增产7.9kg；分蘖5kg、孕穗10kg亩产247.65kg，增幅为72.2%，单位养分增产7.5kg；拔节一次施15kg，亩产244.6kg，增幅为70.2%，单位养分增产8.3kg；拔节5kg孕穗10kg亩产227.95kg，增幅为58.6%，单位养分增产6.2kg；孕穗时一次施15kg亩产207.45kg，增幅为44.4%，单位养分增产4.6kg。

1990 年，笔者在自治区农科院农科所春小麦 4 号地、6 号地、7 号地在不同时期施氮磷钾各 5kg 其平均亩产量是播种时基施的亩产 166.9kg、比对照亩产 94.9kg 增产 72kg，增幅为 75%，单位养分增产 2.4kg，分蘖时施的亩产 134.3kg、比对照增产 39.4kg、增幅为41.5%，单位养分增产1.3kg，拔节时施的亩产 124.6kg，增产29.7kg，增幅为31%，单位养分增产0.99kg，孕穗时施的亩产 112.1kg、增产17.2kg、增幅为13%，单位养分增产0.575kg。

1993 ~ 1996 年，作者在林周县和乃东县小麦施氮磷钾各5kg，不同时期施的亩产平均是播种时施的亩产 344.5kg，比对照亩产 249.2kg，增产 93.7kg，增幅为 37.6%；单位养分增产 3.1kg 冬小麦；分蘖时施的亩产 377.3kg，比对照增产 127.5kg，增幅为 51%，单位养分增产 4.25kg；拔节时施的亩产 342kg，增产 94.2kg，增幅为 37%；单位养分增产 3.05kg；孕穗时施的亩产 310.3kg，增产 60.5kg，增幅为 24%。单位养分增产 2kg 冬小麦。

1997 年，作者在乃东县冬小麦亩施氮磷钾各 5kg，其不同施肥时期亩产量有较大差别，其中播种时基施的亩产量 305.4kg，比对照亩产 266.9kg，增产 38.5kg，单位养分增产 1.28kg；分蘖时追施的亩产 342.9kg，比对照增产 75.7kg，单位养分增产 2.5kg；拔节时追施的亩产 294.1kg，比对照增产 27.2kg，单位养分增产 0.9kg；孕穗时追施的亩产 300kg，比对照增产 33.1kg，单位养分增产 1.1kg。

综合以上 8 个氮素不同时期施肥试验，可以得出这样的结论，青稞、小麦分蘖期追肥增产幅度最大，效果最好，依次是拔节期，随着施肥量的增多和时间的推移，肥效在逐渐下降，1964 年亩施氮素 1.5kg 时，每 0.5kg 氮素增产青稞 18.15kg，1976 年亩施氮 4.6kg 时，0.5kg 氮素增产 17.6kg，1985 年亩施氮素 4.6kg 时，单位氮素增产 11.75kg，1993 年氮磷钾各 5kg 时，单位养分增产粮食 4.25kg，1997 年亩施氮钾各 5kg，单位养分增产冬小麦 2.5kg。

4.3.1.3 氮素最佳施肥方法（深度）施肥试验结果

1990～1997 年，在林周县、自治区农科所、乃东县分别进了不同施肥方法、施肥深度试验，结果以在分蘖时把尿素撒到田面后立即松土，施在土壤 3cm 和分蘖时用播种机追施在土壤中的 5cm 处效果最好，亩产最高，分别居第一和第二位，依次是在播种时施到土壤 10cm 处的亩产量居第三位。相同数量、相同质量、相同品种、相同价格的化肥，因施用方法不同，施入土壤深度不同，农作物亩产量、增收、效益大不相同，说明科学施肥的生产潜力很大。

4.3.1.4 氮磷钾比例施肥试验

1979 年，达孜县章多公社冬小麦肥麦氮素 3.68kg，磷素 1.5kg 的 2.45：1 的比例亩产量最高（462.2kg），比对照亩产 346.5kg 增产 115.5kg，单位养分增产小麦 11.15kg；氮素 3.68kg，磷素 3kg 时的 1.2：1 时亩产量是 459.7kg，比对照增产 113kg，单位养分增产 8.45kg，居第二位。

1983 年，自治区农科所分别在中肥和高肥区进行了氮磷比例施肥试验，均以氮磷 6.65kg：3.325kg 的 2：1 的比例亩产最高，增产最多，分别为 357kg 和

380.5kg，比对照亩产 237kg，增产 119.9kg 和 143.4kg，单位养分增产 6kg 和 7.2kg。

1985 年，笔者在达孜县德庆乡德庆村春青稞进氮磷钾配合试验，氮素 10kg 磷素 5kg，钾素 5kg 的处理亩产最高（277.5kg）比对照亩产 107kg、增产 170kg、氮、磷、钾各 5kg 的亩产 223.7kg，居第二位。分别每 0.5kg 养分增产小麦 4.25kg 和 3.85kg。

1997 年，笔者在乃东县昌珠珠乡进行冬小麦氮磷钾比例试验，亩施氮素 10kg 磷 5kg，钾 5kg 的亩产冬麦 352kg，比对照亩产 262kg，增产 85kg、增产最多，单位养分增产小麦 2.125kg。

从以上 4 个试验结果看出，由 1979 年的氮磷比 2.45：1 至 1983 年 2：1，1985 年的氮磷钾 2：1：1 和 1997 年约 2：1：1 比例比较适宜，但是肥效一直在下降，由 1979 年 0.5kg 养分增产粮食 8.45kg、6kg、4.25kg、2.125kg 逐渐下降。

4.3.1.5 氮磷钾的肥效试验

1963 年，氮素增产幅度 43.6%，0.5kg 氮素增产青稞 12.875kg（氮、磷钾素各 3kg 条件下）。磷素增产幅度 15.7%，0.5kg 磷素增产青稞 4.635kg；钾素增产幅度 11.3%，0.5kg 钾素增产青稞 3.34kg；氮磷配合增产幅度为 42.7%，0.5kg 养分增产青稞 6.3kg；氮钾配合增产幅度为 37.9%，0.5kg 养分增产青稞 5.595kg；氮磷钾配合增产幅为 41%，0.5kg 养分增产青稞 1.545kg。

1965 年，在达孜县章多乡切嘎村、章多村、卡普树、沙玛卓村四个点平均单施氮 3kg，亩产青稞 230kg，比对照亩产 170.15kg 增产 59.85kg，增幅为 35.1%，0.5kg 养分增产青稞 9.95kg，单施磷素 3kg 亩产 193.5kg，比对照增产 23.35kg，增幅为 13.7%，0.5kg 养分增产 3.85kg 青稞；单施钾 3kg 亩产 165.8kg，比对照减产 4.35kg，减幅 2.5%；氮磷配合施亩产 274.35kg，比对照亩产增产 104.2kg，增幅为 61.2%，0.5kg 养分增产青稞 8.7kg；氮钾配合施亩产 229.65kg、比对照增产 59.5kg、增幅为 34.9%，0.5kg 养分增产青稞 4.95kg；磷钾配合施亩产 197.3kg，比对照增产 27.15kg，增幅为 16.9%，0.5kg 养分增产 2.25kg；氮磷钾三元素配合施亩产 259.85kg，比对照增产 89.7kg、增幅为 52.7%，0.5kg 养分增产 4.95kg 青稞。

1979 年，达孜县章多公社氮磷各 1.8kg 条件下。氮素增产幅度为 18.96%，0.5kg 氮增产青稞 18.26kg；磷素增产幅度为 12.96%，0.5kg 磷增产青稞 12.48kg；氮磷配合增产幅度为 16.94%，0.5kg 养分增产青稞 8.16kg。

1985 年，笔者在达孜县德庆乡德庆村进行春青稞氮磷钾肥效试验。氮素每亩 5kg 施用量，春青稞亩产 108kg，比对照亩产 107kg 增产 51kg、增幅为 47.7%，0.5kg 养分增产 5.1kg；亩施磷素 5kg 青稞亩产 137kg，增产 30kg，增幅为 28%，0.5kg 养分增产 3kg；亩施钾素 3kg，青稞亩产 145kg，增产 38kg，增幅为 35.5%，0.5kg 养分增产 3.8kg 青稞；氮磷配合施亩产 162kg，比对照增产 55kg，增幅为 51.4%，0.5kg 养分增产 2.75kg，氮钾配合亩产 178kg，增产 71kg，增幅为 66.4%，0.5kg 养分增产青稞 3.8kg；氮磷钾三要素配合施亩产 223.7kg、增产 116.7kg，增幅为 109%，0.5kg 养分增产 3.89kg 青稞。

1995 年，笔者在林周县甘曲乡美娜村进行冬小麦氮磷钾肥效试验，亩施氮素 5kg，亩产 212.5kg，比对照亩产 165kg，增产 47.5kg，增幅为 28.8%，0.5kg 养分增产 4.75kg；亩施磷 5kg，亩产 200kg，增产 35kg，增幅为 21.2%，0.5kg 养分增产 3.5kg；亩施钾素 5kg 亩产 180kg，增产 15kg，增幅为 9.9%，0.5kg 养分增产 1.5kg；氮磷各 5kg 配合施亩产 225kg，增产 60kg，增幅为 31.4%，0.5kg 养分增产 3kg；氮钾各 5kg 配合施亩产 220kg、增产 55kg、增幅为 33.3%，0.5kg 养分增产 2.75kg；氮磷钾各 5kg 配合施亩产 235kg、增产 70kg、增幅为 42.4%，0.5kg 养分增产 2.335kg。

1997 年，笔者在本所 6 号地春青稞作的氮磷钾肥效试验（氮磷钾各 5kg）。氮素增产幅度为 100%，0.5kg 氮素增产青稞 7.1kg；磷素增产幅度为 36.6%，0.5kg 磷素增产青稞 2.6kg；钾素增产幅度为 30.98%，0.5kg 钾素增产青稞 2.2kg；氮磷素配合增产幅度为 167.6%，0.5kg 养分增产青稞 2.975kg；氮钾素配合增产幅度为 169%，0.5kg 养分增产青稞 3kg；

从以上 6 个氮磷钾肥效试验结果看，氮肥的肥效始终是最高，6 个试验氮素 0.5kg 养分增产数量依次是 12.85kg、9.95kg、18.26kg、5.1kg、4.75kg、7.1kg 粮食；磷素 0.5kg 养分增产数量为 4.635kg、3.85kg、12.48kg、3kg、3.5kg、2.6kg；钾素 0.5kg 养分增产数量分别为 3.34kg、减产、减产、3.8kg、1.5kg、2.2kg；氮磷配合 0.5kg 养分增产 6.3kg、8.7kg、8.15kg、2.75kg、3kg、2.975kg；氮钾配合 0.5kg 养分增产粮食 5.595kg、4.95kg、3.8kg、2.75kg、3kg；氮磷钾配合 0.5kg 养分增产粮食数量分别为 1.545kg、4.95kg、3.89kg、2.335kg、2.1kg。仍然呈现出随着时间推移和施肥量的增加，0.5kg 养分增产粮食的量在逐年下降。

4.3.1.6 农作物品种与土壤肥力增产幅度比较试验

4 年 268 个小区试验结果得知，高土壤肥力比低土壤肥力亩产量高 60.2%，高产作物品种比低产作物品种亩产量高 20%。

4.3.1.7 农田作物养分平衡施肥

①农田土壤养分限制因子研究结果，得出目前西藏主要农田土壤养分限制因子是极缺氮，不缺磷、缺钾。

②平衡施肥试验结果。从冬小麦、春小麦、春青稞、春油菜、土豆及经济作物各种平衡施肥结果都是施氮素化肥增产幅度最大，其次是钾，施磷对作物亩产量在第三位。

③建立了平衡施肥公式，目标亩产量所需氮磷钾等主要养分数减去农田土壤养分能提供数量等于施肥数量（施养分数量除以化肥养分有效含量，再乘以化肥利用率）。

4.3.1.8 测土配方施肥

①测土的结果显示，以日喀则、拉萨市、昌都 3 地市 16 个县 11 997 个土样中，速效氮丰富水平的占 10.2%，中等水平的占 35.3%，属于缺乏的占 54.4%；速效磷含量在丰富水平的占 11.7%，中等水平的占 64.7%，比较缺的占 24.8%；速效钾含量较丰富水平的占 12%，中等水平的占 64.1%，缺钾的 23.8%。

②配方施肥农牧厅在做，结果待发。

4.3.2 农民施肥现状

西藏地区从 1963 年引进化肥到 2010 年已有 47 年历史，所做过的试验研究累计超过几千次，可以说硕果累累，其中关键的施用化肥技术已经比较成熟，例如适宜时期施肥，比较好的施肥方法（施肥深度），较适宜的氮磷钾施用比例、平衡施肥、平衡施肥计算、提高化肥利用率技术等都是经得住实践考验的，是成功的，效果是立竿见影的。

然而，这些技术没有转化为生产力，没有推广到广大农民当中去，农民仍然习惯于传统的落后的低效益的施化肥方法。

4.3.2.1 全部撒施化肥、化肥利用率仅有 15% 左右

目前，除少数内地来藏承包蔬菜大棚和露地生产蔬菜农民施化肥较科学外，真正西藏广大农村的农民施用化肥还是把磷化肥、尿素化肥在播种前耕地前撒到田面，然后耕翻，进行基施，在青稞、小麦、分蘖以及油菜分枝时，把尿素撒到

田内再灌满水或者先灌满水再撒尿素、磷酸二铵。

4.3.2.2 96%以上农民仅施尿素、磷酸二铵两种化肥

钾化肥几乎没有施用，中、微量尿素化肥在西藏市面上根本见不到，即便尿素和磷酸二铵两种化肥也是县、乡两级政府大会小会动员加下达任务的方法，政府补贴50%的条件下，农民按任务购买，化肥的施用与化肥试验研究之间差距很大，在西藏这种特殊的条件下，根本原因在政府，因为政府长期以来向农民赠送、免费、补助等，以项目带生产，例如在某县搞特色产业基地如大蒜，国家负责大蒜种子，负责亩施牛粪2 000 kg，县政府负责地膜、化肥，农民只管出工，种出大蒜县政府负责销售，即是2010年大蒜在市面上卖到7元/时，农民也不自愿种大蒜而等待国家投入。多年以来，西藏的农民养成了习惯，搞生产是国家的事，反正共产党的政策让农民富起来，增加农民收入，给我们盖漂亮的房子住，送我们农机具，送电视等。

西藏要发展，真正的动力应该调动农民的主观能动性，让农民接受新生事物，自学自愿，不能全部由政府代替或全包，科学施用化肥就是一个例子，政府推广化肥施用技术，同样的化肥因施用方法不一样，或施用时间不一样，田间庄稼亩产量有很大的差别，政府应引导农民自力更生建设自己的家园。

5 西藏肥料研究与应用特点

5.1 化肥施用总量与粮食总产量呈正相关

我们翻开西藏农业历史，再总结一下西藏肥料试验数据，不难得出结论，肥料特别是化肥是粮食生产的最大贡献者，这一点结论还有国内外佐证。

5.1.1 西藏化肥多年多点提高单位面积产量统计

从 1963 年开始引进化肥试验，不论在任何作物、任何地点、任何人的试验都比较明显地证明，施用肥料，尤其是化肥，粮食的单位面积产量就大幅度地提高，由最低的 26%～209% 以上不等（表 104），其中，以氮素肥料增产幅度最大，磷素次之，平均提高 67.1%。

表 104　西藏历史以来施用化肥提高粮食单位面积产量幅度统计

时间（年）	作物	地点	施肥品种、数量（kg）	亩产量（kg/亩）	对照亩产量（kg/亩）	增产幅度（%）	试验人
1963	青稞	农科所 5 号地	氮素 3kg/亩	509.2	354.7	43.6	王少仁、夏培桢
1964	青稞	达孜县章多公社	氮素 1kg/亩	158.3	91.7	72.6	土肥组
1965	青稞	达孜县章多公社	氮磷各 3kg/亩	593.4	296.7	100	王少仁、夏培桢
1974	青稞	达孜县章多公社	氮素 10kg/亩	749.4	425.9	76	巴桑
1976	青稞	堆龙镇庆县羊达乡	氮素 4	817.8	353.8	131	土肥组
1979	冬小麦	农科所	氮 9 磷 4 钾 3	1 086.8	726.4	49.6	卢耀曾、白剑文、巴桑、钟家英、魏素琼

时间（年）	项目 作物	地点	施肥品种、数量（kg）	亩产量（kg/亩）	对照亩产量（kg/亩）	增产幅度（%）	试验人
1983	青稞	农科所 3 号地	氮 15	765.7	474.2	61.5	庞广荣、周正大
1984	冬小麦	农科所 3 号地	氮磷 8	1 267	669	89.4	白剑文、陈新强
1989	青稞	农科所 3 号地	氮 10	604.1	485	24.6	林珠班典等
1990	青稞	堆龙镇庆县羊达乡	氮 14 磷 5	768	497	53.0	周春来
1991	春小麦	林周县	氮磷钾素各 2.5	377.3	249	51.5	关树森
1985	青稞	日喀则	氮磷钾各 2.5	281	164	70	关树森
1997	油菜	扎囊县	氮磷钾各 2.5	168	68.8	144	关树森
1998	油菜	贡嘎县	氮磷钾各 2.5	250	148	68.9	关树森
1998	青稞	乃东县	氮磷各 5	748	418	73.9	关树森
2000	春小麦	贡嘎县吉雄镇	氮 4 磷 1.5 钾 5	593.4	433.4	36.9	关树森
2000	油菜	贡嘎县吉雄镇	氮 4 磷 1. 钾 5	422	272	55	关树森
2000	春青稞	贡嘎县吉雄镇	氮 8 磷 3 钾 5	520	333.4	56	关树森
2001	春小麦	贡嘎县吉雄镇	氮 8 磷 3 钾 5	684	322	112	关树森
2001	春青稞	贡嘎县吉雄镇	氮 4 磷 1.5 钾 5	577.8	444	30	关树森
2003	油菜	扎囊县扎塘镇	氮 14 磷 3.6 钾 7.2	544	186.7	191	关树森
2004	油菜	扎囊县扎塘镇	氮 5 磷 1.65 钾 3.3kg/亩	280	221	26.7	关树森
合计		22 年 22 个地点 22 个试验 3 大作物平均		580.2	347.2	67.1	

5.1.2 西藏肥料与粮食总产量关系

（1）有机肥促进西藏粮食大幅度增长　回顾历史，1951 年西藏和平解放，当时全区粮食总产只有 15 万 t，自治区人民政府为了发展生产，组织广大干部下乡动员广大农民大搞积肥造粪，使西藏农民从来种庄稼不施肥料到最初施几筐，几十筐，后来施几百筐，数吨，当时没有化肥。20 世纪 60 年代初期开始引进化肥，粮食生产全靠有机肥，到 1978 年全区粮食总产由 1951 的 15 万 t 增到 52 万 t，翻 2.36 倍，不能不承认这是有机肥的贡献。

（2）化肥使西藏粮食总产一升再升　20 世纪 60 年代引进化肥当时西藏粮总

产 2.5 亿 kg，1968 年施用化肥 100t，粮食总产上升到 3.25 亿 kg，70 年代初期开始大量调入化肥，1972 年全区调入 673.7t，1979 年调入 21 082t，粮食总产达 15kg，1980 年因大批汉族干部内调，调整藏汉干部比例后，化肥调入量降到 1.2 万 t，粮食总产下降到 3.5 亿 kg，1985 年化肥购进量达 1.5 万 t，粮食总产量上升到 4.95 亿 kg；1991 年购进化肥 42 648t，1994 年化肥购进量达 5 万 t，粮食总产达 6.25 亿 kg；2000 年全区粮食总产突破 50 万 t（5 亿 kg），创造了西藏历史以来最高总产纪录，实现了西藏粮食自给，结束了从内地调运粮食解决西藏人们吃饭的大问题，减轻党中央在粮食问题的负担。从耕地面积角度看，西藏从和平解放时 130 万亩开始增加，到 2000 年达到 230 万亩。随着西藏的经济建设和各方面发展，耕地面积从 2000 年开始有所下降，但幅度不是很大，可以说耕地面积的增降幅度不大，相对比较稳定，粮食总产量变化比较大，由和平解放时 15 万 t 到 2000 年 100 万 t，翻了数倍。其中比 1978 年开始推广化肥年代粮食总产 52 万 t，翻了两倍（图 2）。

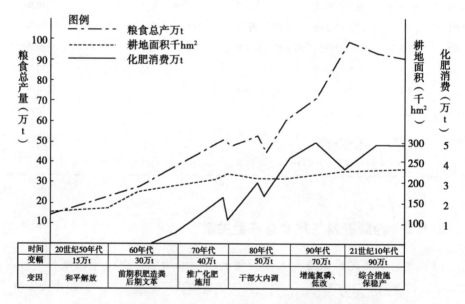

时间	20世纪50年代	60年代	70年代	80年代	90年代	21世纪10年代
变幅	15万t	30万t	40万t	50万t	70万t	90万t
变因	和平解放	前期积肥造粪 后期文革	推广化肥 施用	干部大内调	增施氮磷、 低改	综合措施 保稳产

图 2　西藏粮食总产量与化肥消费量关系

西藏粮食总产量的大幅度增长，其中 80% 与肥料有关，60% 以上与化肥施用有关，从目前情况看，化肥的利用率不高，全区平均仅为 20% 左右，如果提高化肥利用率，化肥的增产潜力非常大，因为单位面积化肥施用量不高，在国外许多国家化肥每亩平均施肥量在 150kg 左右，全国平均也在 65kg 左右，唯独西藏每亩平均 6.5kg 左右。

这就预示我们，西藏的粮食总产在建设用地增多，耕地逐渐减少的条件下还能再大幅度提高，主要途径是作好化肥施用工作，首先是提高化肥效益（利用率），这个生产潜力非常大，其次是增加化肥的施用量，这个空间也非常大，希望政府和农牧职能部门抓住关键环节，使西藏粮食总产稳增确保粮食安全。

5.2 西藏肥料与作物品种增产比较

1995～1998 年，笔者针对 2000 年粮食实现 100 万 t 目标应该抓肥料还是抓作物品种进行了两者增产幅度比较试验，经在林周县、乃东县、贡嘎县 4 年 6 个点冬麦、春麦、春青稞 3 个作物 10 个品种 26 个小区试验结果证明，多施用化肥比不施化肥的粮食增产 60.2%，新育高产作物品种比当地老品种增产 20%，详见 3.6 农作物品种与土壤肥力增产幅度比较试验。

5.3 化肥在世界粮食增产中作用

根据联合国（UN）的数据，预计到 2050 年全球人口数量将从目前的 67 亿增长到 92 亿，千年项目及未来展望报告（2008 年）指出，到 2013 年全球粮食生产必须增加 50% 并在 30 年内翻番，才能解决目前面临的粮食危机，因此，要充分发挥化肥在粮食生产中的作用。

5.3.1 全球谷物生产与化肥生产的关系

粮食供应紧张通货膨胀和化肥价格成为 2008 年初的头条新闻，媒体的如此关注使得政治家们和普通大众比以往任何时候更关心化肥产业，20 世纪 60～80 年代中期全球化肥消费持续稳定增加，然后下降，直到 90 年代中期开始重新回升，然而全球谷物生产也随之波动，形成密切关系，肥料由 1961 年 500 万 t，增加到 2006 年 2 400 万 t，全球的谷物也随之由 1961 年 800 万 t 升到 2 300 万 t（图3）。

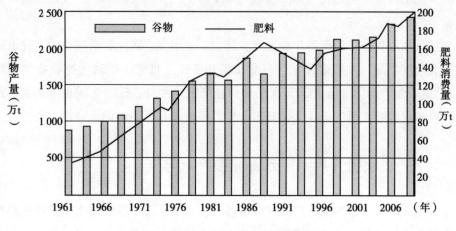

图3　全球谷物产量与肥料消费量关系

5.3.2　美国俄克拉荷马州立大学的定位试验

位于美国俄克拉荷马州立大学的定位试验建于1892年，是美国大平原地区最古老的长期土壤肥力研究点，自从这个点建立以来，肥料处理一直在变化，从1930年起，年施氮量为37～67kg/hm²，年施磷量为15kg/hm²，在70余年里这些试验表明氮和磷肥对小麦产量的贡献率平均为40%，其中氮的贡献率50%以上（图4）。

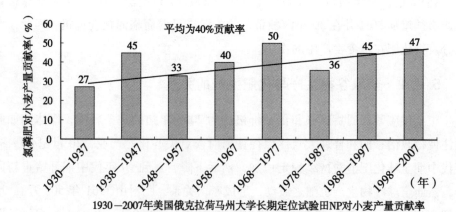

1930—2007年美国俄克拉荷马州大学长期定位试验田NP对小麦产量贡献率

图4　氮磷钾肥对小麦产量贡献率

5.3.3 美国密苏里州大学的长期定位试验

1888 年，密苏里州大学的长期肥料定位试验田建立是用于研究作物轮作制度和农家肥对小麦产量的影响，于 1914 年开始施用化肥。尽管这些年的施肥量不断变化，但在 100 年间相比于无肥对照、施氮磷和钾肥对作物产量的平均贡献率为 62%（图 5）。

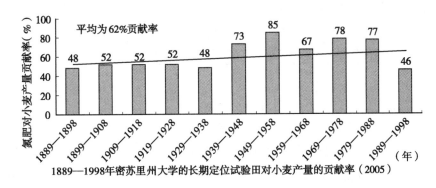

1889—1998年密苏里州大学的长期定位试验田对小麦产量的贡献率（2005）

图 5　氮磷肥对小麦产量贡献率

5.3.4 英国洛桑长期试验站

英国洛桑试验站是世界上最早的长期试验，从 1843 年起一直种植冬小麦，一个世纪以来，与单施 PK 相比，NPK 配合施用对小麦产量的贡献为 62%～66%（图 6），从 1970～1995 年给试验的高产冬小麦品种持续施用 96kgN/n，结果使缺 P 的处理减产 44%，缺 K 处理减产 36%。

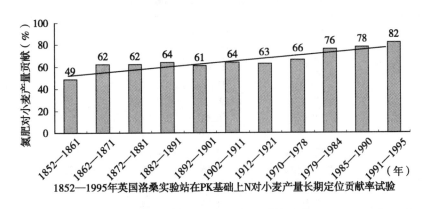

1852—1995年英国洛桑实验站在PK基础上N对小麦产量长期定位贡献率试验

图 6　氮肥对小麦产量贡献

上述 4 个国外及全球长期肥料定位试验结果也证明了化肥在全世界粮食生产中的重要性，西藏虽然没有这么长久的试验，组笔者从多点多年多作物的试验中统计出来的化肥对粮食产量的 60% 以上的贡献是有根据的，资料表明，化肥在内地的相对温度较高省、市及地处热带国家贡献率还要大一些，在巴西和秘鲁亚马逊盆地连续粮食生产施化肥作物产量增产 80% ~ 90%。因此，西藏的领导也好，农学、育种、耕作、多种经营各方专家也好，应该承认化肥对粮食生产的重大作用和贡献，并且重视化肥的施用。

5.4 西藏单位面积化肥施用量比较

化肥施用量多与少，与国民经济水平呈正相关，经济条件比较富裕的地区在农业生产中投入比较多。日本、德国、荷兰、英国等国家在 1989 年的化肥施用量分别每公顷 415kg、411.3kg、649.6kg、345.7kg，随着人口减少，粮食总产的增加和农产品质量意识的增强，到 20 世纪末有所下降，仍高于中国，由于要满足人口增长对粮食的需求，全国化肥施用量仍有上升趋势，而西藏的农业生产中，总体投入相对比较少，其中，化肥投入更少，是我国西部地区最少的一个地域，根据中国统计年鉴资料，截至 2005 年，全国平均每公顷耕地使用化肥 317.16kg、青海省 302.49kg、西部平均为 198.37kg，而西藏只有 74.46kg（表 105）。无论与国际还是与全国比较，西藏的化肥施用量都是最少的，基本上属没有化肥污染的相对净土。

表 105　西藏化肥单位面积用量和人均占有量与全国、全世界比较

年份（年）	地区和国家		人均占有耕地（亩）	按耕地面积计算（kg/亩）	按人口计算（kg/人）	备注
1997	世界	美国	10.695	6.24	72.2	
		前苏联	13.185	7.8	95.1	
		印度	2.715	4.35	13.5	
		日本	0.48	27.67	15.8	
		法国	4.74	20.77	107.3	
		前民主德国	2.16	24.44	108.3	
		前联邦德国	2.16	27.42	50	
		荷兰	0.885	43.31	41	
		英国	1.56	23.05	42.2	

年份（年）	地区和国家	人均占有耕地（亩）	按耕地面积计算（kg/亩）	按人口计算（kg/人）	备注
中国	全国平均	1.36	21.14	28.75	
	青海	2.3	20.17	46.40	
	西部12省、区	3	13.20	39.6	
	西藏	2.7	4.96	13.39	

注：资料来源于李家康、林葆等，对我国化肥使用前景的剖析《农田养分平衡与管理》53 页和成升魁 "西藏高原农业协调发展战略研究"《依托优势资源发展特色产业》13 页

5.5 西藏化肥施用认识误区

化肥的出现和发展为农业生态系统提供了大量的营养元素、丰富了农作物养分来源，促进了农业生产的快速发展，很大程度上解决了人们急需的粮食问题，也因此产生一些人和部门片面地追求高投入、高产出，大规模施化肥，造成了社会、环境生态污染日益严重。于是，农业安全性问题越来越受到各级政府及涉农部门和人们的关注，使人们对农业生态系统输入化肥产生之忧虑甚至有的采取极端态度予以拒绝化肥的施用和购买施用化肥的农产品，片面认为只有施用有机肥而不施化肥农业生产才是安全的。

其实，这些问题的出现并不是化肥本身的原因，而是人为不合理使用化肥或农田养分管理不当造成的。前面讲述了先进的国家和发展中国家化肥对粮食增产的贡献率平均约在 55%，我国在 50% 以上，西藏在 67% 以上。因此，要正确认识有机肥和化肥，分析不合理施用化肥的表现和负面影响，辩证地看到化肥在农业生态系统中的巨大作用，采取科学的施肥措施，对于促进农业增产，保证粮食生产安全，满足人民群众生活需要，有着极为积极的重要意义。

5.5.1 农业生态系统中有机肥优点不能完全代替化肥优点

化肥具有施用方便、速效，施用量较易按照作物的需要计算，体积小、养分浓度高，便于运输，能及时为作物正常生长提供适当的养分，实现土壤养分补给，保持和提高地力等许多优点，但肥效短，养分容易被固定、转化或淋失，使用不当时利用率会降低等。

有机肥来源广泛，含有丰富的腐殖质和多种作物营养元素，对改善土壤结构，协调土壤水、肥、气、热，功效独特，但肥效较慢，养分释放不易控制，施用量较难按作物需要确定，多年连续施用有机肥，由于有机氮的矿化积累或施用未经无害处理的有机肥同样会造成污染，甚至会因为有机肥施用量的不易准确确定而增加防治其污染的难度。

可见，有机肥和化肥两者各有优缺点，因此，生产上有机肥不能完全代替化肥，只有适量配合方能获得最佳效果。因此，部分市民认为，农家肥是好肥料，施农家肥生产出来的农产品是优质产品，施化肥的农产品不是好产品的说法是错误的。

5.5.2 有机肥数量极其有限不能代替化肥的数量

西藏因特殊的生态环境和特殊的民情民习，历史以来有机肥很少，唯有数量较多的作物秸秆和牛羊粪可做有机肥施于农田，却绝大部分做了燃料（彩图80），1950年以前，西藏不施肥，后来农田施肥仅限于人粪尿，因西藏人口较少，人粪尿根本满足不了农田作物的需要，尤其是目前，西藏农田有机肥施用量仅为500~1 000kg/亩，折合成有效养分量，相当于1kg速效氮，0.2kg速效磷，0.3kg速效钾，与生产500kg粮食所需的13kg氮素，3kg磷素、15kg钾素相差甚远，如果只施有机肥，将全区粮食总产立刻降至现总产的20%，可以说西藏的农业生产条件不允许只施有机肥而不施化肥。

5.5.3 农田化肥施用量低不足以造成污染

在前节4.7中介绍了全世界、全中国及西藏单位面积耕地化肥施用量分别是43.31kg/亩、21.14kg/亩、4.96kg/亩平均和人均72.2kg、28.75kg、13.39kg，西藏不仅在数量上最少，而且在化肥的利用率也最低，全世界平均化肥利用率60%，全国是45%，西藏仅为20%~25%，因此，不论是从农田角度，还是从农产品、粮食质量上都距污染的标准较远，所以，在西藏，人们根本不用担心因为施用化肥给粮食带来污染问题，可以放心食用西藏的青稞。

但是，在西藏的蔬菜生产上，化肥施用量比较高，尤其年久的蔬菜生产基地和塑料大棚，可能值得担心，因为没有调查，不能给出结论。

5.5.4 西藏化肥不影响绿色、有机农产品（食品）

化肥致使农产品质量下降必须具备两条件才能促成，一是化肥用量很高，一般每亩施上几百千克以上；二是不合理的施用，使作物不能正常生长甚至造成伤害，使作物不能发挥产量潜力或减产、产量质量下降。在一般情况下、化肥能提高农产品的养分含量，改善农产品的品质，促成农产品质量提高，也就是人们说的绿色食品，有机农产品。前面已经讲过很多化肥能大幅度提高农产品的产量，化肥能否提高农产品质量人们说法不一，下面把西藏区内外化肥对农产品的品质的影响介绍给大家，供参考。

首先，大家要明确"绿色农业"的概念，绿色农业是指一种有利于环境保护、有利于农产品数量和质量安全，有利于可持续发展的现代农业发展形态和模式。不是传统农业的回归，也不是对生态农业和有机农业、自然农业等各种类型农业的否定，而是摒弃各类农业种种弊端，扬长避短，内涵丰富的一种新型农业发展模式，目的是实现农业可持续发展和推进农业现代化进程，确保整个国民经济的良性发展，满足城乡居民提高生活必须的数量和质量的需求，其中，主要是农产品和农产品产生的食品。

5.5.4.1 西藏氮磷钾化肥对青稞、小麦籽粒营养成分影响试验

(1) 1984 年　笔者在达孜县、城关区进行了青稞施磷钾化肥试验后测试其籽粒中营养成分，分析结果以城关区为例，不施化肥的青稞籽粒中粗蛋白质含量9.52%，粗脂肪含量1.16%；单施氮素8kg 的粗蛋白质含量是10.01%，粗脂肪含量1.29%，单施磷素8kg 的粗蛋白质含量9.55%，粗脂肪含量2.2%；单施钾8kg 的粗蛋白质含量是9.6%，粗脂肪含量2.08%；氮磷钾各8kg 的粗蛋白质含量为9.95%，粗脂肪含量2.91%；分析结果表明，怎样施化肥，施什么样的化肥对青稞籽粒中的营养成分是有影响的，化肥中各种营养元素配施对提高青稞籽粒中的营养成分有较大提高（表106）。

(2) 1995 年　笔者在自治区农科所4 号、6 号、7 号3 块试验地进行春小麦施氮磷钾化肥后对其籽粒中营养成分化验，以4 号地为例，对粗纤维、粗蛋白质、粗脂肪、淀粉、面筋等与项内容进行分析，结果如下。

① 施化肥对春小麦籽粒中粗纤维含量的影响：不施化肥的粗纤维含量是0.05%，施氮素5kg 的粗纤维量0.03%，施磷素5kg 粗纤维含量是0.16%，施钾素5kg 的粗纤维含量0.09%，施氮素磷素各5kg 的粗纤维含量是0.03%，施氮素钾素各5kg 的粗纤维含量为0.04%，施氮磷钾各5kg 粗纤维含量是0.03%。

② 施化肥对春小麦籽粒中粗蛋白质含量的影响：不施化肥的粗蛋白质含量是9.5%，施氮素5kg 粗蛋白质含量是12.5%，施磷素5kg 是9.5%，施钾素5kg

表106 1985年青稞施氮磷钾化肥其籽粒中主要营养成分分析

项目 处理	籽粒产量（kg/亩）		粗蛋白质（%）				粗脂肪（%）			
	达孜	城关区	达孜县 含量	增减（%）	城关区 含量	增减	达孜县 含量	增减	城关区 含量	增减
不施化肥	107	305	9.55		9.52		1.16		2.01	
施氮素8kg	187.5	425.5	9.73	+1.88	10.1	+6.09	1.29	+11.2	2.81	+33.8
施磷素8kg	162	417	9.5	-0.5	9.55	+0.3	0.83	-23	2.1	+4.5
施钾素8kg	182.5	342	9.58	+0.3	9.6	+0.8	0.83	-23	2.01	0
施氮磷素各8kg	195	502	9.60	+0.5	10.5	+10.3	1.27	+9.4	2.41	+13.9
施氮钾素各8kg	182	500	9.63	+0.8	9.6	+0.8	1.30	+12	2.50	+24.3
施磷钾素各8kg	170	445	8.86	-7.2	8.9	-6.5	0.91	-21.5	2.02	-0.57
施氮磷钾素各8kg	257	692.5	9.8	+2.6	9.95	+4.5	1.27	+9.4	2.91	+44.8
施氮磷钾素各24kg	267.5	717	11.74	22.9	10.0	+6.04	1.64	+41.3	3.01	+49.8
施氮24磷钾各8kg	212	677	10.15	6.2	11	+15.5	1.61	+33.8	2.93	+45.8
施磷24氮钾各8kg	200	600	9.9	3.7	9.8	+2.9	1.1	-5.2	2.75	+36.8
施钾24磷氮各8kg	200	612.5	9.51	-0.4	9.9	3.99	1.0	-13.8	2.68	+33

的是 9.6%。

施氮磷各 5kg 的是 12.6%，施氮钾素各 5kg 的是 12.19%。

施氮磷钾各 5kg 的粗蛋白质含量是 12.9%。

③ 施化肥对春小麦籽粒粗脂肪含量的影响：不施化肥的粗脂肪含量是 1.77%，施氮素 5kg 的粗脂肪含量 2%，施磷素 5kg 的是 1.71%，施钾素的是 1.78%。

施氮磷素各 5kg 的是 1.95%，施氮钾素各 5kg 的是 1.99%，施氮磷钾素各 5kg 的是 2.01%，施磷钾素各 5kg 的是 2.04%。

④ 施化肥对春小麦籽粒中淀粉含量的影响：不施化肥的淀粉含量为 59.0%，施氮素 5kg 的含量是 54.0%，减少 5%；施磷素 5kg 的含量为 61.33%，增加了 2.33%；施钾素 5kg 的含量是 61%，增加 3.4%；施氮磷各 5kg 的含量是 56%，减少 4%；施氮钾各 5kg 的含量是 56.0%，减少 3%。施氮磷钾各 5kg 的含量是 54%，减少了 5%。

⑤ 施化肥对春小麦籽粒中湿面筋含量的影响：面筋是面粉中衡量好与不好的一个重要内容，含量少的不能做面条，因为没有弹性，做馒头也不筋道，不能包饺子。

不施化肥的含量是 19%，施氮素 5kg 的是 29.8%，增加了 53%，施磷素 5kg 的是 20%，增加了 35.2%，施钾素 5kg 的是 21%，增加了 10.5%，施氮磷素各 5kg 的是 28%，增加了 47.4%，施氮钾素各 5kg 的是 29%，增加了 52.6%，施氮磷钾素各 5kg 的是 30%，增加了 57.9%（表 107）。

从上述表 105 和表 106 可以看出，不论是青稞还是小麦施化肥后，蛋白质含量都有不同幅度的提高，粗脂肪有相应地增加而粗纤维都有所降低，只有施磷钾肥有较大幅度提高后，特别小麦施化肥后，面筋提高 50%，蛋白质提高 30%，这项指标是小麦品质优与劣的重要指标，分析化验结果还显示，氮肥能提高粮食的蛋白质的成分和面筋含量，在作业中氮磷钾结合施用效果好，可见在农业生产中，土肥粮也肥。施化肥提高土壤肥力不仅具有提高耕地位面积产量的意义，还具有提高农产品的品质意义。

（3）蛋白质积累的作用 刘东海研究员在 2008 年著的《西藏小麦》一书中，写到氮肥对小麦籽粒中蛋白质的积累有着良好作用，在磷钾肥的基础上增施氮肥，产量继续增加，籽粒中的蛋白质含量及单位面积上蛋白质总集累量继续增加，特别是总集累量成倍增加。提高籽粒的透明度，面筋含量，出粉率及面包的烤制品质（表 108）。

表107　1995年春小麦施化肥对籽粒营养成分影响

处理	试验地点	淀粉（%）含量	增减	湿面筋（%）含量	增减	粗蛋白质（%）含量	增减	粗脂肪（%）含量	增减	粗纤维（%）含量	增减	籽粒透明率（%）
不施化肥	4号地	59		19		9.5		1.77		0.05		68
	6号地	59.5		19		9.5		1.76		0.05		68
	7号地	60		18		9.4		1.73		0.051		66
施氮素5kg	4号地	54	−8.5	29	+5.3	12.5	31.6	2.0	13	0.03	−40	89
	6号地	55	−7.7	28	+47.4	12.5	31.6	2.0	13.6	0.03	−40	89
	7号地	55.9	−6.8	27	+5.0	12.3	30.9	1.9	3.8	0.04	−21.6	86
施磷素5kg	4号地	61	+3.4	20	+5.2	9.5		1.77		0.06	20	70
	6号地	60	+0.8	20	+5.2	9.5		1.76		0.07	40	70
	7号地	63	+5	19	+5.5	9.4		1.74		0.08	58	69
施钾素5kg	4号地	61	+3.4	21	+10.5	9.6	+1	1.78	0.5	0.09	58	69
	6号地	61	+2.5	21	+105	9.6	+1	1.77	0.5	0.1	80	71
	7号地	64	+6.7	20	+11.1	9.5	+1	1.75	0.56	0.1	100	71
施氮磷素各5kg	4号地	56	−5	28	+47.4	12.6	+32.6	1.95	1.2	0.03	100	70
	6号地	55.8	−6.2	28	+47.4	12.5	+31.6	1.98	10.1	0.03	−40	90
	7号地	55.9	−6.8	28	+55.5	12.4	+31.9	1.88	12.5	0.04	−40	90
施氮钾素各5kg	4号地	560	−5	29	+52.6	12.7	+33.7	1.99	3.7	0.04	−21.6	89
	6号地	56.0	−5.9	29	+52.6	12.6	+32.6	2	12.4	0.04	−20	91
	7号地	56.2	−6.3	28	+55.5	12.5	+33	1.9	13.6	0.05	−20	91
施氮磷钾各5kg	4号地	54	−8.5	30	+57.9	12.9	+35.8	2.01	3.8	0.03	−2	90
	6号地	55	−7.6	29	+52.6	12.8	+34.7	2	13.6	0.03	−40	96
	7号地	55	−8.3	28	+55.5	12.6	+34	1.98	14.5	0.03	−41.1	96

表108　施肥对小麦籽粒产量及品质的影响

处理	产量 （100kg/hm²）	蛋白质 （%）	湿面筋 （%）	籽粒透明率 （%）
不施化肥	22.2	10.3	30.6	68
氮30kg 磷90kg 钾40kg	30.7	14.6	39.0	87
氮60kg 磷120kg 钾40kg	36.9	16.3	45.6	99
氮90kg 磷180kg 钾60kg	39.5	16.9	47.0	100

5.5.4.2　国内化肥对粮食、蔬菜质量影响试验

（1）1998年　陕西省延安市农业研究所进行了钼肥对农作物产品的品质影响试验，试验结果是农作物施钼肥后，硝酸盐和亚硝酸盐含量均有所下降（表109），植物硝酸盐和亚硝酸盐和胺类都是致癌物质，因此采取有效措施降低食物中硝酸盐和亚硝酸盐的含量可以直接或间接地减少造成急性心肌缺氧的条件下而引发各种疫疾，并有预防克山病的作用，有利增加人体健康，是防治疫病的有效措施。

表109　陕西省延安市农科所施钼化肥对农作物产品的品质影响试验

作物	硝酸盐含量（mg/kg）			硝酸盐、亚硝酸盐总量（mg/kg）		
	对照	施钼酸铵	下降%	对照	施钼酸铵	下降%
小麦	29.4	28.3	3.7	32.43	31.45	2.7
大豆	17.55	16.37	6.7	18.62	18.1	2.7
玉米	17.6	14.4	18.2	20.36	17.34	14.8
桃	22.7	14.12	36.3	40.03	29.23	27
苹果				8.674	3.827	55.8
西红柿				44.86	41.48	7.6
黄瓜	16.53	16.03	3			
辣椒	12.28	1.07	91.3			
茄子	16.45	16.43	0.1			

注：李芳亭. 黄土丘陵区施钼与农物产品品质关系的研究.//农田养分平衡与管理，2000.

大豆用0.015%浓度，小麦用0.05%浓度喷施，玉米用0.2%浸种、桃、苹果、番茄、黄瓜、辣椒、茄子用0.05%浓度喷施，对照用清水喷施

（2）辽宁省沈阳农业大学长期施用含氯的化肥对作物品质影响　连续5年时间施用不同含氯的氮磷钾复合肥试验结果表明和含氯的氮磷钾化肥有利于提高玉米、大豆籽粒中蛋白质含量，其中，玉米蛋白质含量比对照提高1.52%~2.1%，此大豆提高1.62%~2.09%（表110），含氯量高的氯磷铵钾复合肥明显促进作用。施用不同含量的氮磷钾复混肥还明显地降低玉米淀粉含量和大豆的脂肪含

量，其中，玉米淀粉含量降低 0.5% ~ 5.15%，大豆脂肪含量降低 0.69% ~ 0.87%，尤其是施用含氯量高的氮磷铵钾复合肥，玉米的淀粉含量最低，仅为 51.6%，氯含量与淀粉含量似乎呈明显的负相关。对草莓、葡萄、李子施氯化铵化肥能明显提高可溶糖，糖/酸比值、总糖量、维生素含量（表 111、表 112），从而提高上述农产品的品质。

表 110　连续施用化肥及含氯的化肥对作物品质影响

处理 \ 项目	玉米（4 年平均）			大豆（2 年平均）			
	纯蛋白质（%）	淀粉（%）	增、减（%）	纯蛋白质（%）	脂肪（%）	增、减（%）	
不施化肥	7.22	56.75		34.13	21.27		
施尿素	8.38	56.45	16　－0.5	34.61	22.04	1.4	3.6
尿素 + 氯化钾	8.21	55.95	13.7　－1.4	33.34	21.75	－2.3	2.3
尿素 + 普钙	8.86	56.05	22.7　－1.2	36.61	20.53	7.3	－3.5
尿素 + 普钙 + 氯化钾	8.74	56.25	21　－0.8	36.06	20.41	5.7	－4
尿素磷铵钾	9.06	52.65	25.5　－7.2	35.75	20.58	4.7	－3.2
氯磷铵钾	9.31	51.60	28.9　－9	36.22	20.40	6.1	－4.1

注：郭鹏. 长期施用化肥和含氯的化肥对土壤性质和作物产量品质的影响. //微量元素在作物营养平衡中的作用国际学术讨论会文集. 成都：成都科技大学出版社 1993 年

表 111　氯化铵化肥对草莓的品质影响

处理 \ 项目		可溶性糖		糖/酸		维生素 C		总糖量	
		（%）	增（%）	比值	增（%）	（mg/g）	增（%）	（g）	增（%）
盆栽	对照	7.12		17.36		78.35		5.09	
	化肥	7.25	1.8	17.68	1.8	81.64	4.2	6.16	2.1
田间	对照	6.47		13.68		70.83		1.04	
	化肥	6.90	6.6	15.43	12.8	75.52	6.6	1.28	23

表 112　氯化铵化肥对葡萄、李子的品质影响

处理 \ 项目		可溶性糖		糖/酸		维生素 C		总糖量	
		（%）	增（%）	比值	增（%）	（mg/g）	增（%）	（g/盆）	增（%）
5 年平均葡萄	对照	12.51		16.1		8.51		196.34	
	化肥	12.93	3.36	18.7	12.8	8.67	1.9	265.65	18
3 年平均李子	对照	7		4.99		6.43		62.34	
	化肥	7.51	7.3	5.2	4.21	6.65	3.4	89.29	69.3

注：雀玉珍等. 微量元素氯硝化抑制效应及对作物品质影响研究. //微量元素在作物营养平衡中的作用国际学术讨论会论文集. 成都：成都科技大学出版社. 1993

（3）山东省农业科学院土肥所进行的钾化肥对蔬菜产量、品质和硝酸盐含量影响试验 5年的调查和试验结果分析表明，施用钾化肥能提高蔬菜作物抗病性（如姜瘟病减少12%），明显改善植株经济性状，使叶菜类增加株高和茎粗，叶色浓绿，使果菜和根茎类果实个头大，色泽光亮鲜艳，提高整齐度和提高成热，大幅度提高产量，同时明显地提高多种蔬菜产品的营养品质（表113），如提高糖、维生素C、粗蛋白质、淀粉等相对含量；降低酸度、硝酸盐含量，从而改善农产品的营养价值和食用风味，促进氨基酸含量的增加并合成蛋白质。芹菜硝酸盐含量降低17.8%~25%，萝卜降低18.3%。

表113 钾化肥对提高蔬菜营养品质的效果

作物名称	项目 处理	产量 (kg/亩)	增产 (%)	可溶性糖 (%)	增量 (%)	维生素C (mg/100g)	增量 (%)	粗蛋白质 (%)	增量 (%)	粗纤维 (%)	增量 (%)
大葱	NP	2 541.3		4.53		12.4		1.24		1.66	
大葱	NPK	3 440.4	35.4	5.18	14.3	15.83	27.7	1.6	29	1.7	2.4
生姜	NP	1 552.5		4.8		12.4		8.86		3.62	
生姜	NPK	2 160	39.1	5.02	4.6	13	4.8	9.80	10.6	4.86	34.3
番茄	NP	2 527.9		2.13		20.64					
番茄	NPK	2 988.2	18.2	2.93	37.6	24.10	16.8				
辣椒	NP	2 033.4		2.32		115.86		0.68		0.58	
辣椒	NPK	2 204.1	8.4	2.64	13.8	157.95	36.3	0.86	26.5	0.60	3.4
芹菜	NP	3 014.4		0.62		17.6		14.2		10.1	
芹菜	NPK	4 881.1	61.9	0.68	9.7	18.70	6.3	16.6	16.9	10.1	
大白菜	NP	11 733.5		2.61		15.15		4.8			
大白菜	NPK	13 183.5	12.4	2.68	2.7	13.65	-9.9	5.6	16.7		
芋头	NP	2 066.7		12		5.93		14.03		0.52	
芋头	NPK	3 175.3	53.6	14.8	23.3	6.40	7.9	14.10	0.5	0.54	3.8
萝卜	NP	2 710.5		5.8		79		3.3		3.3	
萝卜	NPK	2 926.9	8	7.0	20.7	82.6	45.6	4	21.2	3	-9.1

注：张漱茗等.钾肥对蔬菜产量、品质和硝酸盐含量的影响.//《肥料与农业发展》国际学术讨论会论文集.中国农业科技出版社，1999年

综上所述，列举了西藏自治区和内地省市有关施化肥与绿色食品，有机农产品的结果与关系，已充分说明化肥不仅对大幅度提高粮食、蔬菜、水果等农产品产量作出60%的贡献，而且对提高农产品的质量、品质具有显著的改善作用，

化肥与绿色食品，与有机农产品不是对立关系，不是凡施化肥的农产品和该农产品生产出来的食品就不是绿色食品及有机食品，认为施用化肥的农产品就不是绿色和有机农产品的说法和认识都是错误的，应该改正。否则，国内就没有绿色食品和有机食品，要想吃到绿色和有机食品，就得倒退到 1950 年或者再早一点时间了，就目前而言，农村 98% 以上的农产品在生产过程中都是施用过含有化学成分的肥料或者农药。

6 西藏农田土壤肥力影响因素

6.1 西藏农田土壤肥力与耕作制度关系

西藏的耕作制度尚存在着人类发展所经历的撩荒农业耕作制、休闲农业耕作制、轮作农业耕作制和近代集约农业耕作制，不同的农业耕作制度有着不同肥料管理和土壤培肥的方式，因此，农业种植结构形成的耕作制度直接影响肥料的丰缺，并成因果关系。

（1）传统的纯粮食作物一年一收耕作制度必然缺肥 不论是撩荒耕作，休闲耕作，还是轮作耕作都是一年收获一次农作物，20 世纪 60 年代和 70 年代粮食作物面积占总面积的 95% 左右，高于全国同期水平（87.8%），80 年代占 90%，还是高于全国同期 75.8% 的水平，90 年代西藏粮食作物播种面积占总面积的 70% 以上，主要目的是稳粮总产，耕地面积大一点的地方搞休闲，耕地较少一些的地方搞轮作，例如，拉萨、山南、昌都实行 3 年一轮（青稞→油菜→小麦）4 年一轮（青稞→小麦→蚕豆→青稞等），休闲也是 3 年一轮或 4 年一轮（青稞→小麦→休闲、青稞→青稞→油菜→小麦→休闲等），日喀则和阿里地区以休闲养地为主，3 年一休的有油菜混豌豆→青稞→休闲、小麦→青稞→休闲；4 年一休的有青稞→小麦→油菜→休闲、青稞→青稞混豌豆→小麦→休闲、青稞→青稞→小麦→休闲；5 年一休的有青稞→青稞混豌豆→油菜混豌豆→小麦→休闲、青稞→油菜→小麦→青稞混豌豆→小麦→休闲，农作物每年不断地从农田土壤中带走大量的养分，在农田施肥不足条件下，农田必然一年比一年缺少作物需要的养分。

（2）一年两收耕作制度用地养地农田养分平稳有增 西藏一年两收制度是笔者新创立的，属于集约型的耕作制度，是在西藏农家肥逐年减少，化肥施用量不多且利用率不高，耕地面积不断下降，人口逐年上升，还要提高耕地单位面积产量，满足人们食品需求的条件下，增加农民收入，同全国人民一道进入小康社会的背景研究出来的。它的核心内容是根据当地水、热、光、田资源和农作物相应的需求，利用两作物共生缩短作物收获期，延长作物生长期，提高农作物对水、热、光、田资源利用率，开发零度年积温大于3 000℃以上地区水、热、光、田资源，在原耕地正常粮食生产的产量基础上，套复种豆科作物或豆科饲料作物及豆科绿肥作物，利用生物固氮、生物培肥的措施实现既保证粮食生产的产量又培肥地力，还大幅度增加饲草产量，发展畜牧业增加收入。

凡是年均温度为7~8℃，大于0℃年积温3 000℃以上的县均可以推广一年两收耕作制度，在9月份或10月份播种冬青稞、冬小麦、大蒜、燕麦等作物，在第二年的6月初往冬青稞田、燕麦田套种箭舌豌豆或者雪莎，在7月初往冬小麦田套种箭舌豌豆或雪莎，当7月和8月冬青稞、冬小麦成熟了及时收割运出田外，看好牲畜不进地，在10月初可以收割箭舌豌豆和雪莎鲜嫩植株做饲草，亩可产优质饲草3 000kg以上，同时箭舌豌豆和雪莎的根瘤固定大气中氮素15kg左右，相当于亩施尿素40kg左右，再适当补充磷、钾素养分，这种一年两收农业耕作制度直接解决了用地养地、农田养分平衡问题。不需要像有的专家提出调整粮食作物播种面积60%，经饲豌豆等豆科作物播种面积40%，粮豆比例6∶4或粮、经、饲三元结构比例为6∶3∶1的比例。一年两收耕作仍可按原来的90%的粮播面积后套多种90%的豆科作物、经济作物、饲料作物。粮、经、饲三元结构一点不缺，农田土壤肥力越来越高，粮食产量越来越多，农民的经济收入越来越多。

6.2　西藏农田土壤培肥方向

（1）大于0℃年积温在2 900℃以上农区以生物培肥地力为主，补施磷钾等化肥为辅　依据西藏农区气候因子水、热、光条件可划为3类农田，其中年均温7~8℃，大于0℃年积温2 900℃以上地方属于比较好的，例如拉萨市的达孜县、城关区、堆龙德庆县部分乡镇、曲水县，山南地区的贡嘎县、扎朗县、乃东县及琼结县部分乡镇、桑日县、曲松县、加查县，林芝地区的朗县、米林县、林芝县、察隅县、墨脱县，昌都地区的波密具、昌都县、芒康县等20个县的气候可以实行一年两收耕作制度，种植农作物种类比较多，在种粮食作物基础上进行套复种豆科作物和绿肥作物，通过生物措施培肥地力，重点提高土壤中速效氮素含量水平，根据土壤中磷钾及中微量元素营养的丰缺，采用施化肥的方法补充，这样农民的投入将大大减少，不仅粮食、饲草稳产增产，而且生产出的优质牧草促进畜牧业发展。

一年两收的技术作物组合比较多，最佳组合有冬青稞套种或复种箭舌豌豆混高秆油菜、冬青稞套种或者复种雪莎、冬青稞复种蚕豆；冬小麦套种或者复种箭舌豌豆、冬小麦套种或者复种雪莎、冬小麦复种蚕豆；燕麦套种或者复种箭舌豌豆，燕麦复种蚕豆；春青稞套种或者复种箭舌豌豆，春青稞套种或者复种雪莎、春青稞复种蚕豆；大蒜复种高秆油菜混箭舌豌豆，大蒜复种蚕豆，大蒜复种雪莎，大蒜复种油菜等。

一年两收的具体措施，例如冬青稞套种箭舌豌豆混高秆油菜，在冬青稞开花后开始灌浆（6月初或5月底）时把箭舌豌豆以每亩干种子10kg量用清水泡涨催出萌芽与每亩0.5kg高秆油菜种子混合均匀，拿到冬青稞田，一边灌水一边撒油豌豆种子，以水到哪里种子撒到哪里为准，没有水的地方不撒种子。当冬青稞成熟时，及时收割并马上运出田，看好牲畜不进地，一般冬青稞后茬是春小麦或者春青稞、春油菜，箭舌豌豆可在田内长到10月初或中旬，在田内生长（6月初至10月初）4个多月120多天，由于高秆油菜搭架子，箭舌豌豆可长160cm，收割后亩产鲜嫩优质饲草5 000kg，庞大根系固定大气中氮素多达7.5kg左右，挖坑取表土样进行化验分析，经多年测试平均每千克土含速效氮250~450mg，足够生产600kg小麦所需的有效氮数量还有余，完全可以不用施氮素化肥，豆科作物根系生长许多密密麻麻的根瘤菌，这些根瘤菌活着时固氮，死掉后变成团粒结构，根瘤菌量越多，所形成的土体内团粒结构越多，大幅度改善土壤的物理性结构，从而改善土壤水、肥、气、热关系，根据土样化验结果适当地补施磷素、钾素和其他中量或微量元素化肥，这样不仅大幅度减少农民投入的负担，而且严格控制了或者杜绝了盲目施肥的浪费，更不会产生多施肥的污染，正如农民说得"一年两收技术、田能自肥、养畜草料丰"，以这种耕作制度养田肥田，粮食单位面积产量越来越高，化肥投入越来越少，农产品的品质也越来越好。

（2）大于0℃年积温小于2 900℃农区，以无机促有机肥为主，补施氮磷钾等化肥　大于0℃年积温在2 500~2 900℃的农区，主要在日喀则地区，萨迦县、定日县、拉孜县、谢通门县、南木林县、日喀则市、白朗县、江孜县、康马县、仁布县、聂拉木县，昌都地区、洛隆县、边坝县、芒康县、左贡县、阿里地区的普兰县、噶尔县、扎达县的部分乡，拉萨市的墨竹工卡县，山南地区隆子县、工布江达县、洛扎县，这些地方以青稞为主、小麦为辅，有少量的油菜、芥麦、土豆，一年只能种一次作物，不能搞套种和复种，如果想培肥地力，除加大施肥量外，采用生物培肥地力只能搞粮豆和粮绿轮作，青稞→小麦→雪莎，青稞→油菜→豌豆或者休闲，豌豆混油菜→青稞→休闲，青稞→小麦→油菜→休闲，这种农田地力仍不能提高。依据笔者曾做过的低产田改造综合技术，以无机促有机的办法可以解决这一种耕作制度下的土壤培肥问题。

以无机促有机，主要是在农作物青稞、小麦的分蘖期增施比正常施化肥多一点的化肥（氮肥），促进地上作物植株生物产量，在收割时把比正常秸秆增产的那部分秸秆留下来（留高茬）然后深翻，随即灌透水或灌透水后数日深翻，把因多施化肥而增收的那部分秸秆翻入土中，通过水和积温作用，使有机秸秆转变为有机肥，提高土壤中有机质含量和氮素含量，年复一年，久而久之，提高土壤有机质含量，改善土壤物理结构，协调土壤中水、气、热关系，综合提高了农田的土壤肥力，进行取土样分析化验，再按预定生产粮食指标所需的养分数量，补施氮磷钾等化肥，这样就避免了盲目施化肥，变成有的放矢，按需施肥，减少了化肥的投入，提高了化肥施用效益。

（3）半农半牧区以施牲畜粪便为主，补施氮肥　西藏年均温在10℃以上、大于0℃年积温少于2 500℃以下的半农半牧区分布在海拔4 100m以上的丁青县、江达县、类乌齐县、申扎县、左贡县、八宿县、浪卡子县、措美县、错那县、昂仁县、比如县、噶尔县、普兰县、革吉县、日土县、措勤县、改则县等，这些地方仅能种植青稞和放牧，牧区种植青稞的肥料来源比较充足，施用大量的牲畜粪便，组因为地处高寒，有机肥养分转化和释放比较慢，虽然养分比较全，含量也比较丰富，在较短暂的几十天的无霜期中，土壤中和肥料中的养分供不及时，青稞需肥期比较集中，单靠有机肥的养分是不够的，因此，要想青稞产量高，还是要补施一定量的速效氮素化肥（尿素），数量不宜多，否则会造成贪青晚熟反而影响产量。

6.3　西藏农牧业发展障碍因子及解决办法

查阅西藏自治区1951年至今的统计年鉴，看西藏农业国民经济和社会经济发展历史，60年巨变一目了然，1951年西藏和平解放，1952年农牧林渔业总产值1.4亿元，2010年农牧林渔业总产值88.45亿元，多了63倍，这里有党中央国务院高度重视和特殊优惠政策及全国各地各部门的大力支持（例如，近两年

2008 年及 2009 年国家财政补助 357 亿元和 470 亿元，是西藏地方财政收入 28 亿元和 30 亿元的 12 倍之多），也有西藏地方政府和人民的努力，只要找准西藏自己的问题实质，选择正确、科学的路线和措施，也同样可以像内地兄弟省、市学习战胜难关，靠自己的力量快速发展并向国家作出贡献。

6.3.1　西藏农牧业发展徘徊分析

（1）农业粮油总产出现两次徘徊　1951 年西藏和平解放时，全区粮油播种面积 13.423 万 hm²，粮油总产 15.495 万 t，农业总产值是 0.46 亿元，到 1978 年播种面积 21.983 万 hm²，增加了 8.568 万 hm²，增长 63.8%，粮油总产达 52.135 万 t，比 1951 年增加 2.36 倍，农业总产值 1.46 亿元，这一时段，西藏农业突飞猛进地发展，充分显示了中国共产党的正确领导和社会主义制度的优越性。

1978～1985 年，这 7 年时间里，西藏粮油总产由 52.135 万 t 增到 54.5 万 t，增了两万 t，增长 3%，播种面积由 1978 年的 21.983 万 hm² 降到 20.997 万 hm²，农业总产值由 1.46 亿元增长到 5 亿元。从粮油总产量角度出现了 7 年的第一次徘徊。

1985～2000 年，这 15 年间，播种面积由 21.983 万 hm² 增长到 23.507 万 hm²，增加了 1.547 万 hm²，增长 6%，粮油总产量由 54.5 万 t 增长到 100 万 t，几乎是翻了一番，增长 83%，农业总产值由 5 亿元增长到 26 亿元，从粮油总产量来说，这一时段是二次大发展（图 7），创造了历史以来最高纪录，不仅结束了西藏历史以来粮油不能自给的局面，同时也减轻党中央这方面的负担。

2000～2010 年这 10 年，播种面积由 23.104 万 hm² 长到 23.507 万 hm²，增加了近 0.4 万 hm²，增长了 1.7%，粮油总产量由 100 万 t 降到 95 万 t，减少了 5 万 t，降了 5%，农业总产值由 26 亿元增长到 39 亿元，从粮油总产量角度说，这 10 年是西藏农业粮油总产量的第二次徘徊（表 113）。

综合农业粮油总产量，从和平解放以来出现两次徘徊，总产值的变化纯受价格因素控制，就其实质还是粮油总产量是否决定农业发展。

（2）牧业的牲畜存栏数 32 年大徘徊　1951 年全区天然草场没有统计（全区 1990 年西藏土地资源调查 800 万 hm²），全区牲畜存栏数 955 万头（只），1978 年达到 2 349 万头（只），比 1951 年增加 1 394 万头（只），增长了 2.46 倍，这 27 年牧业发展很快，西藏的肉奶类的数量大幅度提高。

表114　西藏农牧业历年产量及产值

项目　年份	农业					畜牧业			
	播种面积（千 hm²）	粮食总产量（万 t）	油料总产量（万 t）	农业总产值（万元）	总产值指数（1951 年等于 100）	草场面积（千 hm²）	牲畜存栏（万头/只）	总产值（万元）	总产值指数（1951 年为 100）
1951 年	134.15	153 200	1 750				955		
1959 年	140.23	182 905	2 610	4 704	113.2		956	9 713	108.2
1965 年	184.68	290 725	5 264	8 522	205.1		1 701	17 878	190.3
1978 年	219.83	513 449	7 914	14 657	344.4		2 349	24 386	263.0
1979 年	220.67			13 340	300.0		2 349	27 026	276.7
1980 年	220.67	504 970	10 770	24 846	390.0		2 351	27 597	282.2
1985 年	209.97	530 669	14 455	50 999	419.0		2 179	55 562	341.7
1986 年	210.84	454 448	11 617	43 793	359.1		2 258	53 756	367.0
1987 年	209.52	467 043	11 796	45 692	374.9		2 326	56 506	387.6
1988 年	208.45	508 670	14 141	59 684	404.5		2 319	67 986	374.8
1989 年	211.75	549 923	16 727	64 077	413.4		2 300	71 408	371.1
1990 年	213.71	608 280	17 140	98 138	280.4	8 000	2 251	93 573	366.6
1991 年	215.72	644 186	18 457	95 755	437.6	8 000	2 317	111 278	378.0
1992 年	214.99	657 121	17 862	101 092	439.4	8 000	2 395	119 863	394.6
1993 年	215.57	672 185	26 040	100 452	542.2	8 000	2 320	123 661	389.5

（续表）

年份	农业					畜牧业			
	播种面积（千hm²）	粮食总产量（万t）	油料总产量（万t）	农业总产值（万元）	总产值指数（1951年等于100）	草场面积（千hm²）	牲畜存栏（万头/只）	总产值（万元）	总产值指数（1951年为100）
1994 年	216.46	664 480	29 373	131 327	554.7	8 000	2 297	130 335	408.2
1995 年	220.17	719 605	33 689	177 927	604.1	8 000	2 379	173 782	411.1
1996 年	225.02	777 249	35 104	192 157	648.8	8 000	2 276	184 083	411.9
1997 年	229.15	791 704	336 823	218 195	686.0	8 000	2 310	187 624	430.4
1998 年	229.40	849 793	34 009	224 346	706.4	8 000	2 252	190 350	434.3
1999 年	230.44	922 138	41 091	260 666	782.7	8 000	2 290	212 062	459.9
2000 年	231.04	962 234	39 610	263 649	799.7	8 000	2 266	235 282	467.3
2001 年	230.86	982 508	43 469	276 113	867.9	8 000	2 360	238 695	488.3
2002 年	232.9	983 970	45 157	290 759	893.9	8 000	2 439	255 772	505.9
2003 年	234.35	966 001	49 378	252 779	758.9	8 000	2 451	270 867	517.0
2004 年	231.23	959 950	53 944	265 638	744.1	8 000	2 509	291 197	538.8
2005 年	234.95	933 918	61 164	298 887	791.9	8 000	2 415	300 498	543.1
2006 年	233.02	923 688	54 490	304 974	796.7	8 000	2 438	316 975	586.5
2007 年	232.94	938 634	52 125	359 382	938.5	8 000	2 407	349 108	619.3
2008 年	235.29	950 343	57 729	396 962	1 037.0	8 000	2 405	389 629	691.1
2009 年	235.07	905 330	60 145	390 575	1 020.4	8 000	2 324	442 880	785.8

注：数据摘自 2010《西藏统计年鉴》中国统计出版社

1978～2010 年的 32 年间，西藏牧业的牲畜存栏数一直在 2 350 万头（只）为平均线上下徘徊，最多的是 2004 年达到 2 509 万头（只），只有一年，2002～2010 年这 8 年间牲畜存栏数在 2 400 万～2 509 万头（只），牲畜存栏数没有大的变化，而牧业总产值由 1978 年的 2.4 亿元增长到 44 亿元，增 17.16 倍，这单纯纯是价格因素作用，就其实质没有发展（图 7 和表 114）。

6.3.2　西藏农牧业发展波动分析

笔者查阅西藏和平解放以来大量资料，回顾在藏期间所到山南、拉萨、日喀则、林芝、昌都、那曲、阿里等地进行的土壤调查、土壤养分取样，分析 1999 年以来承担中国与加拿大国际合作项目"西藏耕地土壤养分限制因子研究"和"平衡施肥"和近期自治区农牧厅农技推广中心承担农业部的"测土配方施肥"项目中的部分农田土壤养分分析化验结果，都清楚地告诉我们，西藏农牧业生产的两个徘徊直接原因是农业上缺肥料，牧业上缺饲料。

6.3.3　肥料应用对农牧业的影响

（1）农业肥料两次促进粮油总产提高

① 大搞积肥造粪，推进全区粮油总产翻番：1951 年西藏和平解放后，自治区人民政府为了发展生产，组织科技干部下乡到农村第一线，动员农民大搞积肥造粪，使西藏农民从种田不施肥料到上山捡鸟粪，搭建厕所、挖塘泥积肥造粪，农田由最初的施几筐草木灰发展到几百筐农家肥达几千千克，使粮油总产在 1978 年由 1951 年的 15 万 t 增加到 52 万 t，增加了 2.46 倍。

②大施磷肥，全区粮油总产提高：1990 年，全区土地资源调查结束后，农田土壤养分结果是"西藏耕地极缺磷、不缺钾、缺氮"。自治区农牧厅指令农资公司调运磷酸二铵与尿素，要求各级政府保证施磷氮肥的比例 1∶1，全区所有农田大补特补磷素养分，笔者从 1994 年以来全区推广提高麦类作物化肥利用率技术 85 万亩，随着农田磷肥施用量每年不断增加和施肥技术普及，西藏粮油总产量也在不断上升，1990 年全区播种面积 22.25 万 hm^2，2000 年达 23.083 万 hm^2，面积增加 3%，而粮油总产由 62.54 万 t 猛增到 100 万 t，10 年增长了 83%。

③农田土壤缺氮，全区粮油总产 10 年徘徊不前：西藏农田大量增施磷肥过程中，1996 年就已出现农田土壤中磷素含量丰富的问题了，例如，札囊县扎塘

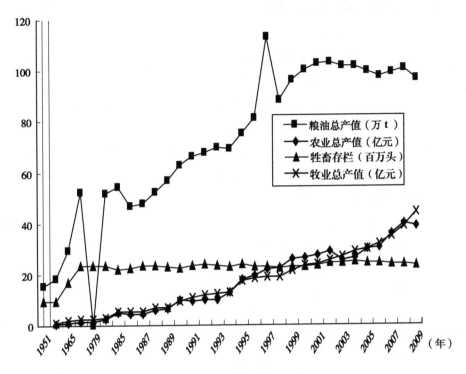

图7　西藏农牧业产量产值变化

注：数据来源于《西藏统计年鉴》，中国统计出版社

乡折木村农民反映"施磷肥不增产了，怀疑磷酸二铵是假的"，区农科所到田间取样分析和布置施肥试验 3 年，笔者在 2001 年发表的论文"西藏主要农田土壤养分含量与施肥建议"中指出"西藏主要农田土壤养分已由 1990 年的极缺磷、不缺钾、缺氮的状况转变为极缺氮、不缺磷、缺钾，建议暂缓或减少施磷，增加氮素的施用量，适当施钾"。也就是说 21 世纪 10 年代该由重点施磷转为重点施氮，但没有引起领导和有关部门的重视。

2007 年，全区测土配方施肥项目开始，据自治区农牧厅在 5 地（市）25 个农业县所取 54 706 个土样和 296.3 万个化验数据中的部分结果再一次验证当初的试验结论和建议是正确的。日喀则、拉萨市、昌都 3 地 17 个主产粮县的测土结果显示，该地区农田缺氮面积平均占 54.4%，其中拉孜县占 67.7%，萨迦县占 67.8%，日喀则市占 71.5%，定日县占 89.4%，谢通门县占 90.3%，江孜县占 90%，昌都县占 68.6%。据自治区农资公司调查 2007 年以来全区化肥调进量 4.58 万 t，平均到每亩为 15kg，全部折算成速效氮（不可能的，因为还有磷、钾肥）养分也仅为 5.3kg，与亩产 500kg 小麦所需 15kg 氮，3kg 磷，18kg 钾的量相差甚远。

因此说西藏粮油总产徘徊不前是在所难免的，因为农田缺氮，这是作物形成产量的第一大养分。

（2）饲料影响牲畜存栏数的提高　笔者几十年所到过的农区和经过的牧区，普遍存在一个问题，从来没有从根本解决畜牧业严重缺乏饲料问题，现有的农田全部种粮食作物，仅有个别农田的边边角角上种一点饲草，在农区的牲畜 90%以上，随着季节植物的兴衰，牛、羊经历夏壮、秋肥、冬瘦，春倒的循环，牧业上大量的牲畜被挤到海拔 4 000m 以上的天然草地，因超载超牧，草场已退化，单位面积产草量很低，平均每亩鲜草产量 60kg，晒成干草也就是 10kg 左右，牧区的牛、羊要吃饱肚子，需跑很多路，即便吃饱了，也该走瘦了，产肉量不高，一旦到了冬季，牧业更困难，还时常受到降雪的威胁。在这种严重缺少饲草的条件下，发展牧业是不可能的。

所以说饲料的丰与缺是牧业能否发展的关键。

综上所述，西藏农牧业生产的主要限制因素是缺肥料和饲料，这两料解决了，西藏农牧业将大发展，要找准这个实质，抓住这个主线。

（3）推广一年两收技术轻松排除农牧业发展障碍因素　西藏河谷农区作物的一年两收技术研究与示范是笔者从 2000 年开始主持，2007 年结束科技项目，至今乃东县侯彬副局长，扎囊县达娃多吉局长，贡嘎县陈以生局长还带领应用这项技术。该技术是把西藏传统耕作一年一收剩余的水、热、光、田资源与作物资源相互搭配组合，采用两作物共生，缩短作物收获期，延长作物生长期，提高了西藏河谷农区水、热、田资源利用率，达到一年内收获两次作物，增加农民收益的目的，但在研究实施过程中，收到了更好更多的效果，创造了意想不到的收益。

例如：378 个成功的一年两收技术之一，冬青稞套种高秆油菜混箭舌豌豆，就直接地解决了西藏农牧业发展中的两个关键性难题，即肥料和饲料的两料问题。具体办法是，在冬青稞开花后开始灌浆期（大至在 6 月初，在林芝地区还要早一些）把箭舌豌豆以每亩 10kg 干种子量用清水泡涨催芽，当刚有白色萌芽时，每亩再配 0.5kg 高秆油菜种子，混合均匀，将混合好的种子拿到冬青稞田，先灌满冬青稞田内水，随后把混拌好的种子均匀地撒到冬青稞田内，箭舌豌豆和油菜种子，在冬青稞植株高、叶子多，土壤湿度大，田间郁闭的环境里很快吸水发芽扎根，与冬青稞共生，根本不影响冬青稞产量，当冬青稞成熟了（7月初或者6月底）及时收割，留茬高20cm，并马上运出田，这时箭舌豌豆和油菜正好长20cm高不受伤害，看好牲畜不进地，一般冬青稞的后茬是春油菜或春小麦，当年不用地，不播种，箭舌豌豆和高秆油菜可以在6~10月雨热同步的最佳生长季节是生长120~130天，10月中旬或者下旬收割，因为箭舌豌豆有高秆油菜搭架子不倒伏，促进地上部分高产，又因为箭舌豌豆根瘤菌固氮，提高土壤中氮素含量，相当于亩施尿素20kg，其中一部分直接为高秆油菜利用，又促进油菜高产，箭舌豌豆与高秆油菜混播，两作物相互依赖、相互利用、相互促进，一般混播亩产量比两作物分别单独清种高产10%~20%，冬青稞套种高秆油菜混箭舌豌豆，冬青稞亩产量不受任何影响，又亩产高秆油菜混箭舌豌豆鲜嫩优质饲草5 000kg，收割后进行青贮或晾晒干草都可以，每亩农田在亩产300kg以上冬青稞粮食基础上又增收相当于天然草地近100亩的饲草产量。

这一技术不仅直接解决了农田缺肥料（缺氮素），牧业养畜缺饲料问题，还因冬青稞田内后期套种箭舌豌豆混高秆油菜，增加了农田绿色植物覆盖度和时间，而改变了农田生态环境。不仅调节了农田水、肥、气、热关系，而且大幅度降低了青稞（小麦）一类作物病、虫、草害的寄生程度，从而减少化肥和农药的施用量，提高了农产品的品质，还为农民节省开支。

类似的一年两收技术还有冬小麦套种高秆油菜混箭舌豌豆，油菜套种箭舌豌豆，燕麦套种高秆油菜混箭舌豌豆、春青稞，春小麦套种箭舌豌豆、冬青稞、冬小麦、燕麦，油菜套种雪莎，冬青稞、冬小麦、油菜、燕麦、复种雪莎等很多，凡是年均温7~8℃，大于0℃年积温2 900℃以上河谷农区均可以应用。

西藏河谷农区作物一年两收技术从大的方面来讲，彻底地调整了种植结构，由原来传统农业青稞、小麦、油菜、土豆四大类增加到一年两收的五十多种作物，彻底改造了传统的耕作制度，从原来一年一收纯粮食作物变为粮豆、粮饲、粮绿、粮油、粮经、粮菜、粮果、经经、经绿、经豆、经油、经菜、油豆、油饲等等一年两收耕作制度，增加了一个种植指数，提高了传统耕作剩余的水、热、光、田资源利用率，把自然资源转化为经济、生态、社会效益，建立了农牧业相互利用、相互依赖、相互促进、共同发展，持续、良性循环的机制，形成了多元化、集约化、高产高效新的生产技术体系，丰富了西藏农业科技，填补了青藏高原一年两收科技的空白。

如果在河谷农区全面推广一年两收技术，西藏的粮油总产和牲畜存栏数将有新的大幅度增长，较轻松地打破农牧业的徘徊，实现西藏自治区人民政府"十二五"经济发展目标，大幅度提高农牧民的经济收入，能与全国人民同步进入小康社会。

西藏的农牧业生产发展问题，要靠我们自己解决，尽量发挥西藏的自然和人才优势，特别是好的科技成果应给予肯定和推广。

6.4　多年西藏化肥试验总结和展望

西藏地区由于化肥介入，使某一地方导致环境污染这样的事到目前尚没有发生过，除多年失修仍在使用的化肥老仓库，漏雨，堆放陈旧化肥的角落，可能有化肥污染外，还没听说因施用化肥造成不生长庄稼，造成减产、产品质量下降，使农田不长庄稼，农田不长生物。西藏的化肥施用量很少，根本满足不了农作物正常生长发育的需要，在西藏环保局找不到化肥污染的数据，在西藏自治区农科院农业质量标准与检测研究所，承担的国家农业部"西藏农业面临污染与质量监测研究"专项研究也没有西藏化肥污染的数据，因此，西藏化肥没有污染问题。

人所共知，在同样一块没有施肥的田地上，一个施化肥种青稞，另一个不施化肥种青稞，秋收时施化肥的产量是未施化肥两倍，这是籽粒产量上比较；再从生物产量比较，施化肥的地上的生物产量都比未施化肥两倍多，地上部分的青稞秸秆与地下根系呈正比的，那么就可以确定，施化肥的青稞地下根系量比未施化肥的多，根系转化为有机物，施化肥的田内有机物比未施化肥的多，遗憾的是未做更多的试验比较，据区农科所1995年试验，施化肥的土壤有机质比不施肥的对照高0.2%。这些足以说明施化肥与土壤板结不是因果关系。除非十分过量地施用化肥，不仅土壤板结，就连作物也不生长了。

为什么西藏的农田土壤越来越板结呢？到田间地头走访农民，进行调查就可以清楚土壤板结的原因，因为西藏广大农区农民生活所用的燃料十分缺乏，西藏没有煤、电力也不足、木材更少，农民做饭、烧水、冬季取暖只能靠农作物秸秆、牛羊粪和少量树枝，本应施到农田的牛羊粪大部分贴在墙上晒干做燃料，因此，农田的有机肥施用量越来越少，虽然这些年推广一些太阳灶和沼气，但还是不能替代牛羊粪做燃料的这一问题，由于连续多年农田缺少有机肥，田间土壤有机质含量下降，经多点田间取样分析化验，农田土壤有机质由原来1956年开垦时的 1.8% 下降到目前的 0.8%，有机质含量减少自然土壤团粒结构减少，团粒结构少，单粒结构增多，孔隙总量减少，土壤必定会变板结。西藏农田施用化肥不仅历史短，而且用量也很少，土壤板结与施化肥根本联系不上，不要错怪化肥，冤枉化肥。

（1）采取 5 个适合施肥，提高西藏化肥施用效益　在国内许多经济发达的省、市，化肥施用量比较高，施肥的历史也比较久，化肥通过气态、淋溶、径流等多种途径损失或污染环境，长期大量单施某一种化肥，使土壤中某一种物质累积、破坏土壤结构，使农产品营养失衡，品质下降；西藏化肥品种少，营养比例不协调，施用的方法不科学，化肥利用率低等一切不合理施肥表现与负面影响，都不能抹杀化肥在农业生态系统中的积极而重要的作用，我们要有辩证的思想，采用科学的态度，总结我们以往在西藏 30 多年的经验，运用新的科技成果，采用最佳化肥管理措施实现科学施肥，多年的化肥施用试验告诉我们应根据作物需要提供养分，减少养分从田间损失，保证化肥的施用效果和效率，归纳总结起来就是 5 个适合。

首先根据作物的需求，①在适合的时间（秋播种作物返青期及拔节前期，春播作物蘗期和拔节期）；②选择适合的肥料品种（土壤里缺什么养分，补施什么速效养分）；③施在适合的位置（距根系 10cm 的表土层 3~5cm 的深度）；④采用适合的方法（在晴天的上午、中午撒到田中，随后松土或锄草，晒上半日，次日早上灌水）；⑤施用适合的量（根据作物需要量减去土壤中能提供的量，再乘以该化肥在当地利用率，最后再除的化肥中有效养分含量，所折算出的化肥用量），这就是在西藏农业研究中众多试验与实践工作的总结。

（2）深入开展提高化肥利用率技术研究，保住西藏这块净土　西藏除缺氧气和缺少高大的植物群落外，空气新鲜、水清与河流丰富、大小湖泊绿、天蓝、土无任何污染，与国内外相邻比属于较干净地域，因为有世界级建筑布达拉宫等文化遗产，西藏又是世界级旅游景点和佛教圣地，因此，从许多方面讲，西藏都应该也都具备世界级和全国范围的一块净土。

从农业上说，为提高粮油总产，保证西藏粮食自给安全，增加化肥施用量是势在必行，前面介绍了施化肥与土壤环境污染非因果关系。

因此，为防止西藏土壤、环境污染，必须加强化肥合理施用方面研究，例如：不同作物施肥方法，施肥深度，施肥量，施肥时间，施肥品种，不同地域环境上述 5 项试验，不同土壤及不同水分条件上述 5 项或更多项的阶段的长期定位的试验，提高化肥利用率。化肥利用率的高低是衡量一个省（自治区）科学施肥水平的重要标志，随着西藏农业经济建设的飞速发展，化肥已成西藏区农业生产中最主要的增产手段，内地较先进的省建立科技服务机构，例如庄稼医院、配肥站、长期化肥定位观测点、土肥站、土壤养分监测村等，西藏 2009 年施化肥 4.63 万 t，如果提高化肥利用率 10%，就相当于增加 4 600t 化肥，节约化肥投资（1 060元/t 尿素）187.6 万元，提高化肥利用率不仅可以防止化肥污染环境，还可节支增收，增加社会效益，保护西藏这块净土。

笔者作为西藏土壤肥料专家，有责任提醒自治区党政主要领导和农业职能部门负责同志，全球对化肥需求非常强烈，人口不断地增加，将从目前的 67 亿元增长到 2050 年的 92 亿元，改善食物的欲望和方式也不断地提高，西藏是中国的一个边远自治区，西藏的粮食自给自足 2000 年解决以来，不仅要稳定，还要随着人口的猛增而需大幅度地增加。从全世界角度讲，没有肥料，就不能满足世界对食物不断增加的需求，没有肥料，全世界只能生产出一半的粮食，全球将有 10 亿人口长期处于营养不良状态，粮食安全是人类面临的巨大挑战之一，凭基因育种技术的提高不可能解决粮食的短缺，西藏更有特殊情况，可以农用土地有限，有机肥因燃料短缺也是很有限，随着经济发展，建设占地越来越多，有限的耕地面积正在逐年减少，地减人增，需求多这是十分严峻的现实问题，肥料工作应早日提请注意，无机化肥在西藏粮食安全中扮演着重要角色，从现在起要立专项从事化肥研究课题，充分发挥西藏化肥对粮食生产 60% 以上贡献率的作用，像 20 世纪 90 年代那样迅速推广低产田改造和提高化肥施用技术知识（彩图 81），提高化肥的利用率，避免化肥损失（它不仅直接带来经济上的损失），同时要预防化肥带给西藏的环境污染问题，例如，施肥方法不当（在传统的施肥方法再加大化肥施用量）地表径流造成水体富营养化，大量表施造成农田氮素溢出对大气层特别是臭氧层的影响等，因此提高化肥利用率、减少因施肥不当而造成的污染、发展可持续高效农业已成为全世界共同关注的问题，笔者虽然退休，依然希望保持第二故乡西藏这块净土。

参考资料

[1] 李家康. 对我国化肥使用前景的剖析. 农田养分平衡与管理. 南京：河海大学出版社，2000.

[2] 西藏自治区农科所土肥组. 大力推广腐殖酸类肥料. 西藏农业科技，1977 (4)：25.

[3] 西藏自治区农科所. 青稞施用腐殖酸类肥料的试验简报. 西藏农业科技，1977 (4)：30.

[4] 西藏自治区绿肥作物品种试种观察的试验简报. 西藏农业科技，1977 (4)：45.

[5] 西藏自治区农科所. 青稞施用氮素化肥做基、追肥比例试验小结. 西藏农业科技，1977 (4)：51.

[6] 李金朝，郭海军. 微量元素肥料在我区生产中的选择利用. 西藏农业科技，1987 (1)：17.

[7] 庞光荣，周正大. 青稞氮磷化肥不同用量和追肥期的研究. 西藏农业科技，1986 (1) ~ (2)：24.

[8] 周春来，扎布桑. 绿肥对土壤养分及增产效果的研究. 西藏农业科技，1987 (2)：20.

[9] 西藏自治区农科所土肥组. 冬小麦氮素追肥期试验初报. 西藏农业科技，1980 (1)：39.

[10] 扎布桑、康新义. 稀土对青稞、小麦增产效果的试验总结. 科研工作年报 (1988 ~ 1989) (内部资料).

[11] 夏培桢. 拉萨地区绿肥品种评选. 西藏农业科技，1988 (1)：44.

[12] 肖成气. 绿肥在粮食生产中的作用. 西藏农业科技，1988 (1)：55.

[13] 洪波. 有机肥料是山南农业发展的优势. 西藏农业科技，1988 (4)：48.

[14] 周春来. 春青稞化肥用量与施肥方法与产量效应. 西藏农业科技，1993

（3）：13.

[15] 关树森. 西藏化肥施用. 肥料与农业发展国际学术论文集. 中国农业科技出版社，1999：177.

[16] 关树森. 西藏主要农田土壤养分含量与施肥建设的农田养分平衡与管理国际第九次钾素研讨论文集. 南京：河海大学出版社，2000.

[17] 关树森. 西藏一年两收套复种实用技术. 拉萨：西藏人民出版社，2007.

[18] 关树森. 提高化肥利用率技术研究. 西南农业科学报，2004（1）：31～33.

[19] 关树森. 关于解决西藏农业关键性难题的探讨. 西藏农业科技，2010（4）：36～42.

[20] 西藏统计年鉴. 北京：中国统计出版社，2010.

[21] 关树森. 林周县低产田改造综合技术研究. 拉萨：西藏人民出版社，1995.

[22] 关树森. 西藏农牧业发展的障碍因素及解决办法. 西藏农业科技，2011（2）：45.

[23] 关树森. 用创新改造西藏农业、依靠优势资源发展特色产业. 中国西部科技进步与发展专家论坛专辑（上）. 拉萨：西藏人民出版社，2009：268.

[24] 关树森. 关于调整种植结构充分利用水热资源的探讨. 西藏研究，2000（3）：48.

① 1992 年，林周县甘曲镇卡多村 104 亩缺养分低产田冬小麦田间长势，植株矮、穗小、高低不整齐，小麦亩产量 140kg，亩产值仅 224 元

② 1993 年，104 亩低产田种高秆油菜混箭舌豌豆，当年亩产油菜籽 200kg，箭舌豌豆种子 150kg，亩产值达 1095 元

③ 104 亩高秆油菜混箭舌豌豆后茬的冬小麦田间长势。农民纷纷前来参观，开口称赞

④ 1993 年秋，收割油豌后马上播种冬小麦，1994 年 104 亩低产田变成了高产田，不仅植株高、穗大、穗粒多，藏冬 10 号亩产量也高，平均在 500kg 以上

⑤ 冬青稞套种箭舌豌豆 7 月 1 日收割冬青稞留茬 20cm 高后露出箭舌豌豆苗

⑥ 10 月初至中旬收割箭舌豌豆，亩产鲜嫩优质饲草 3 500kg 以上，豌豆根瘤固定大气中氮素，提高土壤氮素含量，翌年农田可不施尿素，粮草双丰收

⑦ 6 月 1 日冬青稞灌浆期撒播箭舌豌豆的试验，以亩播量 10kg 为宜，豌豆长势良好，亩产 4 000kg

⑧ 7 月初收割冬青稞后耕翻播种箭舌豌豆的田间长势，亩播量 10kg 为宜，亩产 3 000kg

⑨冬青稞收割后，复种蚕豆，植株高达150cm，并结角，亩产鲜嫩蚕豆植株6 000kg

⑩项目组助理研究员徐友伟实际称蚕豆鲜植株10.3kg，亩产鲜嫩蚕豆优质饲草6 800kg，相当于天然草地100亩产草量（68kg/亩）

⑪春青稞灌浆期套种箭舌豌豆田间长势，亩产3 000kg，西藏农科院顾茂芝副院长组队现场参观

⑫春小麦同样可套种箭舌豌豆，只是时间略晚，亩产量稍低，即收粮食又收草，还肥田

⑬冬小麦在6月15日前后套种箭舌豌豆混油菜田间长势

⑭西藏农科院徐友伟助研称4.5kg/m²地上植株，折算亩产鲜嫩优质饲草3 000kg以上

⑮冬青稞在6月初套种早熟油菜，油菜在8月初谢花，9月初成熟，亩产油菜180kg

⑯5月初套种雪莎6月中旬荞麦收割后，露出雪莎，图为7月初的田间雪莎长势

⑰ 荞麦套种的雪莎在10中旬收割，项目组成员称实际产雪莎鲜草 3.75kg/m²，折算亩产 2 500 多 kg

⑱ 春青稞在7月20日收割，马上耕翻，复种箭舌豌豆。农民现场参观

⑲ 大蒜6月15日收获后复种蚕豆，10月初收蚕豆籽粒200kg，鲜草 8 000kg以上，可生物固氮培肥地力，翌年不施尿素仍增产

⑳ 春青稞在3月1日后种，7月10日收后马上播种箭舌豌豆混高秆油菜，在雨、热同步的季节，8月5日油豌已长高 30 ~ 40cm，长势旺盛喜人

㉑ 9月25日箭舌豌豆和油菜已开花结角

㉒ 10月初收获油菜籽和箭舌豌豆，油豌混播的株高达160cm，油菜籽和箭舌豌豆双丰收

㉓ 平衡施肥室内盆栽试验

㉔ 拉萨土样的盆栽平衡施肥试验

㉕山南土样盆栽平衡施肥试验

㉖日喀则土样平衡施肥盆栽试验

㉗最佳处理春麦不仅产量高，利润率也高，表现出最佳效果

㉘减氮处理产量最低，是春小麦亩产量最大限制因素

㉙减磷处理对春小麦有减产影响，但减产幅度不大，减钾处理明显植株矮小、穗也少，对亩产量影响也大

㉚春青稞最佳处理（左）与对照（右）苗期差异极显著

㉛春青稞减氮（右）与减磷（左）苗期差异大，减氮植株矮小，颜色发黄，减磷的处理与最佳处理相差无几，表明该土壤不缺磷而是缺氮

㉜春青稞减钾处理的植物相对于最佳和缺磷处理较矮，叶色略黄，说明该土壤钾素有欠缺

㉝ 春青稞在抽穗后，减磷处理的产量丝毫没有受影响，证明土壤中不缺磷，该土壤在相当一段时间可以不施磷肥

㉞ 春青稞抽穗后，缺钾处理明显植株矮小，抽穗晚且穗小，比缺氮表现还差，表明该土壤缺钾的程度较重。

㉟ 油菜不施氮较最佳处理不仅 7 月开花期植株矮，而且花也比较少，氮素不足是油菜生产的一个主要限制因子

㊱ 油菜不施磷素对苗期没有影响，而缺钾处理与缺氮处理影响较大

㊲ 2000 年贡嘎县吉雄镇在磷 3.3kg/ 亩，钾 6.6kg/ 亩条件下亩施氮素 6.6kg 时，油菜植株矮、结角少

㊳ 2000 年贡嘎县吉雄镇当磷钾量固定，氮素 10kg/ 亩时，油菜植株明显增高、角数增多

⑨ 2000年贡嘎县油菜在磷钾量固定，氮素施到13.3kg/亩时，植株又明显地比10kg/亩时植株和角数量增多

⑩ 2000年贡嘎县油菜在磷3.3kg/亩，钾6.6kg/亩，氮素施到16.5kg时，植株和角数最高最多，说明该县土壤中极缺氮，氮素对油菜亩产量影响最大

⑪ 2003札囊县油菜在施磷3.3kg/亩、钾6.6kg/亩、氮素6.6kg/亩时植株和角果数比对照还差

⑫ 2003年札囊县油菜在施磷3.3kg/亩，施钾6.6kg/亩，施氮素10kg/亩时，植株高度和角果数比施氮6.6kg明显提高

⑬ 2003年札囊县油菜在施磷3.3kg/亩、施钾6.6kg/亩、施氮素13.3kg/亩时，植株和角果数又比亩施氮素10kg时有所提高

⑭ 2003年札囊县油菜在施磷3.3kg/亩、施钾6.6kg/亩、施氮素16.5kg时植株最高、角果数最多

⑮ 2004年札囊县扎塘镇油菜在氮10kg、磷3.3kg/亩、钾施至3.3kg/亩时亩产量和植株高度比对照高

⑯ 2004札囊县扎塘镇油菜在施氮10kg/亩，磷3.3kg/亩，钾施到10kg/时，植株和角果数比施钾6.6kg/亩又有所提高

㊼ 2004 年札囊县扎塘镇油菜在施氮 10kg/ 亩，施磷 3.3kg/ 亩，钾 13.5kg/ 亩时，植株和角果数又比施钾 10kg/ 亩时有所提高，说明该县土壤除极缺氮外，还缺钾，钾是该县植物营养第二限制因子

㊽ 2005 年在贡嘎县吉雄镇红星村露地进行西瓜平衡施肥试验以 $N_2P_1K_3$ 的增产最多，亩产 2 315kg

㊾ 2005 年在贡嘎县露地种西瓜，不施氮的亩产 1 100kg 产量明显下降，品质也下降

㊿ 2005 年在贡嘎县露地种西瓜，不施磷肥的亩产 1 695kg，产量有所下降，幅度比不施氮的小一点

51 2005 年在贡嘎县露地种西瓜，未施钾处理亩产 1 555kg，试验证明贡嘎县土壤极缺氮

52 2006 年在乃东县种荞麦平衡施肥，以 $N_{2.5}P_1K_1$ 的施肥比例为佳，分枝多、籽粒多，亩产 153kg

53 2006 年在乃东县进行荞麦平衡试验、缺氮处理植株发黄亩产 91kg，比对照亩产增加 5kg

54 2006 年在乃东县进行荞麦平衡试验，不施肥的分枝很小，对照亩产 86kg，是最低产产量

(55) 2006年在乃东县昌珠镇荞麦田进行平衡施肥，不施磷的亩产113kg，略比最佳处理低39.7kg

(56) 2006年在乃东县进行荞麦平衡施肥试验、不施钾肥的亩产100kg，比对照增产14kg

(57) 2007年在乃东县结巴乡门宗村进行土豆平衡施肥试验，最佳处理亩施氮6kg，磷0.6kg，钾5kg，较均匀整齐，折亩产4 380kg

(58) 2007年在乃东县进行土豆平衡施肥试验，不施肥的对照处理0.03亩地产土豆78kg，大小不均，亩产2 340kg

(59) 2007年在乃东县进行土豆平衡施肥试验，不施氮处理，小土豆明显多，亩产2 767kg

(60) 2007年在乃东县进行土豆平衡施肥试验，不施钾处理亩产2 866kg

(61) 2007年在乃东县进行土豆平衡施肥试验，不施磷处理的0.03亩产125.5kg

(62) 2008年在乃东县结巴乡门宗村进行第二年土豆平衡施肥试验，农科院组织各所干部现场参观

㉓ 2008 年乃东县根据土壤养分吸附分析结果调整、平衡施肥为尿素 10kg（5kg N）生物有机磷 5kg（0.6kg P）氯化钾 18kg

㉔ $N_{10}P_5K_{18}$ 处理平衡施肥土豆亩产量较高，4 199kg，投肥比较少，增产、增收

㉕ 2008 年乃东县土豆平衡施肥缺氮处理，植株瘦小，叶色干黄

㉖ 缺氮的土豆亩产量是最低的，个头也小，亩产 2 537kg，亩产最低，缺氮是土豆高产第一个限制因素

㉗ 2008 年乃东县土豆平衡施肥中不施肥处理苗期长势，与缺氮处理相差无几

㉘ 不施肥的土豆比缺氮的产量高，亩产 2 793kg，是整个试验中第二低产量

㉙ 2008 年乃东县土豆平衡施肥试验缺磷处理，苗期长势与最佳处理有差别，但不是很大

㉚ 土豆平衡施肥缺磷处理亩产量 3 407.8kg，高于对照和缺氮，利润率每投资 1 元净增加 17.89

⑦ 2008 年乃东县土豆平衡施肥中缺钾处理苗期开花晚，相对比最佳处理少得多

⑦ 土豆缺钾处理亩产量 4 017.8kg，利润率最高每投资 1 元净增收 58.75 元

⑦ 2008 年乃东县土豆平衡施肥试验中氮素施到 6kg/ 亩，磷素 0.6kg/ 亩，钾素 10.0kg/ 亩处理

⑦ 磷固定在 0.6kg/ 亩，钾固定 10kg/ 亩时，氮素施到 6kg/ 亩，亩产量最高 4 479kg，比 12kg/ 亩氮施用量亩产 3 733kg 还高 746.8kg

⑦ 2007 年 3 月 26 日在乃东县结巴乡门宗村对土豆平衡施肥试验农户进行技术培训

⑦ 2007 年 9 月 5 日召开农户和各乡、村的干部现场会，以示范结果宣传平衡施肥的效果

⑦ 平衡施肥中氮素 6kg / 亩，磷 0.6kg / 亩，钾 10kg / 亩，钾 10kg / 亩处理

⑦ 示范田的土豆个头大而且均匀，亩产量 4 200kg

㊴ 农民传统施肥尿素 10kg／亩，磷酸二铵 10kg／亩的土豆田间长势较示范平衡施肥差

㊵ 传统施肥亩产 2 133kg，比平衡施肥少产近 50%，而投入比平衡施肥多

㊶ 1993 年笔者在林周县甘曲乡对全乡农民讲解化肥施用方法和改造缺养分型低产田方法

㊷ 2005 年乃东县昌珠镇昌珠村拍摄的牛粪晒成饼做燃料

㊸ 2007 年乃东县结巴乡门宗村平衡施肥示范 N_6P_1K 5kg/ 亩处理单株土豆果实 10 个以上

㊹ 2008 年乃东县结巴乡门宗村群众在旺季参观土豆长势，助理研究员刘国一介绍示范情况

作者简介

　　关树森，男，满族，中共党员，1948 年出生于辽宁省清原满族自治县。1976 年 9 月毕业于辽宁省铁岭农学院（现沈阳农业大学）土壤农化专业，同年 9 月支援西藏自治区工作，2008 年 12 月退休。曾任西藏自治区农牧科学院农业研究所研究员，兼任西藏自治区土壤肥料学会理事长、中国土壤学会理事、中国植物营养与肥料学会理事、中国行业发展研究中心著名专家等职务，享受中华人民共和国国务院政府特殊津贴。在职期间科研立项并主持项目 30 余项，发表论文 90 余篇，撰写并出版《林周县低产田改造综合技术研究》《西藏耕地土体构型研究》《西藏一年两收套复种实用技术》（汉文）《西藏一年两收技术》（藏文）等专著 4 部，拍摄《西藏低产田改造》《高产田综合技术》《生物培肥地力》《西藏一年两收技术》科教片 4 部，出席国内外学术交流会 50 余次，荣获奖状 40 多项，本系统至科技部、国家科协、中国科学院等各种荣誉证书、先进工作者等 30 余项。2011 年 4 月受聘于西藏达氏集团有限责任公司高原特色产品研发中心项目部主任，退休后，整理从事科研 30 多年的试验，分析、著述《西藏自治区肥料研究与实用技术》与《西藏土壤及改良技术》，把一生中有关土壤、肥料方面的经验和体会进行总结，以借鉴。